Sitzungsberichte
der Akademie der Wissenschaften
der DDR
Mathematik – Naturwissenschaften – Technik

2 N

1984

O. Henkel / W. Lange / W. Schatt

Stand und Entwicklungstendenzen der Werkstoffwissenschaft

AKADEMIE-VERLAG · BERLIN

Sitzungsberichte
der Akademie der Wissenschaften
der DDR
Mathematik–Naturwissenschaften–Technik

Jahrgang 1984 · Nr. 2/N

O. Henkel / W. Lange / W. Schatt

Stand und Entwicklungstendenzen der Werkstoffwissenschaft

AKADEMIE-VERLAG · BERLIN
1984

Vortrag von den Akademiemitgliedern
Otto Henkel, Werner Lange und Werner Schatt,
gehalten in der Sitzung des Plenums der
Akademie der Wissenschaften der DDR
am 9. Juni 1983
(mit teilweise erweiterter Fassung der
Abschnitte 3 und 4)

Herausgegeben im Auftrage
des Präsidenten der Akademie
der Wissenschaften der DDR
von Vizepräsident Prof. Dr. Heinrich Scheel

ISSN 0138-3965
Erschienen im Akademie-Verlag, DDR-1086 Berlin, Leipziger Str. 3–4

Lizenznummer: 202 · 100/55/84
Printed in the German Democratic Republic
Gesamtherstellung: VEB Druckhaus Köthen
LSV 3015
Bestellnummer: 763 378 8 (2010/84/2/N)
00500

1. Einleitung

Die Werkstoffwissenschaft hat sich als eine der technischen Wissenschaften, vor allem im Laufe des letzten Jahrzehnts, zu einem relativ selbständigen Wissenschaftsgebiet mit eigenen Gesetzmäßigkeiten, aber auch einer Vielzahl Verflechtungen mit praktisch allen anderen Wissenschaftsgebieten, entwickelt. Solche Wechselbeziehungen bestehen vor allem zu den Naturwissenschaften, den anderen technischen Wissenschaften und unter den Gesellschaftswissenschaften vor allem zur Ökonomie oder auch zu der an Bedeutung gewinnenden Ökologie. Das Thema des Vortrages soll nicht eine Auseinandersetzung mit dieser Entwicklung sein, auch nicht zur Frage, ob eine Trennung in Werkstoffwissenschaft und Werkstofftechnik sinnvoll ist. Von grundsätzlicher Bedeutung ist jedoch die Anerkennung und Beachtung der starken Wechselwirkung zwischen Theorie und Praxis.

Mit diesen wenigen Worten seien Probleme der Gebietscharakterisierung und -abgrenzung genannt, mit denen sich Fachleute und Nichtfachleute gelegentlich auseinandersetzen und die z. B. in Zusammenhang mit Ausbildungsfragen durchaus Bedeutung haben.

Der Stand und die Entwicklung der Werkstoffwissenschaft soll an ausgewählten Beispielen dargelegt werden. Um die Situation zu charakterisieren ist es jedoch notwendig, noch auf einige allgemein gültige Gesichtspunkte hinzuweisen, welche die moderne Entwicklung und sicher auch das künftige Bild der Werkstoffwissenschaft wesentlich bestimmen werden. Dies ist zunächst das bereits erwähnte immer stärkere Erkennen und Beherrschen von Gesetzmäßigkeiten, die zwar nur bedingt mathematisch erfaßbar sind, aber doch reproduzierbare und für die Praxis nutzbare Zusammenhänge im Werkstoffverhalten darstellen. Als einfaches Beispiel sei die Beziehung zwischen Korngröße und Festigkeit genannt.

Die Erarbeitung der Kenntnisse über die Korrelation von Zusammensetzung Struktur und Gefüge einerseits und Eigenschaften andererseits ist eine der Hauptaufgaben der modernen Werkstoffwissenschaft, wobei allerdings nicht vergessen werden darf, daß die Nutzung dieser Erkenntnisse an das Vorhandensein der für die gezielte mechanische und thermische Behandlung notwendigen Einrichtungen gebunden ist.

Für die Festlegung der Arbeitsrichtung, in der die Eigenschaften verbessert werden sollen, ist speziell für die mechanischen Eigenschaften auf einen zweiten Fakt hinzuweisen: auf die enge Verflechtung von Charakterisierung der Werkstoffbeanspruchung, Kennzeichnung der Werkstoffeigenschaften und konstruktiver Gestaltung der Fertigerzeugnisse. Die Kenntnis der die Zerstörung des Werkstoffes hervorrufenden Vorgänge, insbesondere die Vorgänge der Rißbildung und Rißausbreitung sind in diesem Zusammenhang als Gegenstand der modernen Werkstofforschung zu nennen. Es fiel einmal das Wort, daß wir mit den Rissen leben müssen, doch liegt es weitgehend an uns zu bestimmen, wer wen beherrscht.

Ein weiteres Problem, das zu Aufgaben auch für die Werkstofforschung geführt hat, ist die Beherrschung der Beziehungen zwischen Technologie der Werkstoffverarbeitung, der konstruktiven Gestaltung der Erzeugnisse und den mit den Technologien der Erzeugung und Verarbeitung gegebenen Möglichkeiten zur Beeinflussung der Werkstoffeigenschaften. Auch hierdurch kann der spezifische Werkstoffverbrauch wesentlich gesenkt werden. In der Vergangenheit wurde dieser Weg durch die überdurchschnittliche Steigerung der Herstellung und des Einsatzes von Blech- und vor allem Bandmaterial gegangen. Dies ist sicher auch einer der Gründe, der durch Nichtbeherrschung der sich daraus ergebenden Konsequenzen in der kapitalistischen Welt zur permanenten Überproduktionskrise bei Stahl geführt hat.

Aufgrund einer Vielzahl von Ursachen hat ein weiteres Problem an Bedeutung gewonnen und wird es in Zukunft haben, das der Korrosion. Ursache sind u. a. erhöhte Anforderungen aus Produktionsprozessen, die mit der Materialeinsparung verbundene Senkung der Wandstärken — siehe die eben erwähnte Forcierung der Bandproduktion —, das Streben nach erhöhter Funktionssicherheit und Lebensdauer, aber auch, und sicher nicht zuletzt, Mängel im Umweltschutz.

Ein weiteres, das Profil der werkstoffwissenschaftlichen Arbeiten bestimmendes Problem ist das der Verfügbarkeit. Durch die Tatsache, daß die Rohstoffquellen für Werkstoffe sich nicht regenerieren, die Qualität der Lagerstätten bzw. die Bedingungen für ihre Erschließung sich verschlechtern, bei einzelnen Materialien sogar mit einer begrenzten Dauer der bekannten und nutzbaren Vorräte zu rechnen ist, wurde neben dem sparsamen Einsatz die Rückführung der Werkstoffe ausgedienter Erzeugnisse zu einer lebenswichtigen Aufgabe. So sollte man bei Stahl das Ziel anstreben, den Anteil des Schrottes auf 80% zu erhöhen, bei einem derzeitigen internationalen Stand von etwa 50%. Daß die DDR sich bereits deutlich dem gesteckten Ziel nähert, ist allerdings Ergebnis der Tatsache, daß wir wesentliche Mengen an Rohmaterial importieren, den bei der Verarbeitung anfallenden Schrott aber bei uns einsetzen.

Die werkstoffwissenschaftliche Forschung hat die Aufgabe, mit den verfügbaren Materialien Werkstoffe mit den benötigten Eigenschaften herzustellen, darüber hinaus Wege zu suchen, um die Störanfälligkeit der Werkstoffe gegenüber den mit dem Schrott eingebrachten Verunreinigungen zu verringern.

Als letzten der allgemeingültigen Gesichtspunkte sei der Hinweis gestattet, daß die Werkstoffwissenschaft die einzelnen Werkstoffarten nicht mehr isoliert voneinander betrachtet, sondern versucht, die Gemeinsamkeiten in den Grundlagen des Werkstoffverhaltens zu erkennen. Dies vergleichende Betrachten der Werkstoffe hat verstärkt dazu geführt, daß durch Kombination der verschiedenen Werkstoffarten die gewünschte Kombination von Eigenschaften erreicht wurde.

Das Anliegen des Vortrages soll nun, um bei der Breite des Gebietes nicht zu sehr im Allgemeinen hängen bleiben zu müssen, an vier ausgewählten Teilgebieten dargestellt werden, die z. T. aus dem bisher Gesagten abgeleitet werden können. Das sind:

1. Die Entwicklung des Stahls als des dominierenden Konstruktions- und Massenwerkstoffs.

2. Aufgaben auf dem Gebiet der Oberflächenbehandlung, die der Verbesserung der Gebrauchseigenschaften und der Erhöhung der Lebensdauer dienen sollen.

3. Die Entwicklung der pulvermetallurgisch hergestellten Werkstoffe, die in Analogie zur Entwicklung der Blech- und Bandproduktion einen noch längst nicht ausgeschöpften Weg zur Einsparung von Material und zur rationellen Fertigung bieten.

4. Die Entwicklung der Sonderwerkstoffe, deren Einsatz heute und in den kommenden Jahrzehnten in erster Linie die Wirkungen der wissenschaftlich-technischen Revolution bestimmen wird.

2. Entwicklungstendenzen bei der Herstellung, Veredlung und Verwendung von Stählen*)

Die Schlüsselstellung, welche die Eisenwerkstoffe in vielen Bereichen der Technik innehaben und auch in Zukunft beibehalten werden, ist unbestritten. Sie beruht auf der Wandelbarkeit der Eigenschaften, den auf lange Sicht ausreichenden Rohstoffvorkommen und den vergleichsweise niedrigen Kosten, die neben der Dimension der Produktionsanlagen u. a. auf den relativ niedrigen Energieaufwand zurückzuführen sind. In der Anwendungshäufigkeit der Werkstoffe steht das Eisen an erster Stelle (Tab. 1), während die noch häufiger vorkommenden Elemente Aluminium und Silizium, dessen Oxid Grundlage für die nichtmetallisch-anorganischen Massenwerkstoffe ist, den dritten bzw. (Beton ausgelassen) den siebenten Platz einnehmen. Der vor allem durch den hohen

* Die Autoren danken Herrn Prof. Dr. sc. techn. M. Riehle, TU Dresden, für die Mitarbeit hierzu.

Energieaufwand bedingte höhere Aufwand für die Herstellung von Aluminium führt zu einer Preisrelation von etwa 5:1 gegenüber Stahl [1], so daß eine Substitution des Stahls durch Aluminiumlegierungen nur dann vertretbar ist,

Tabelle 1: Anwendungshäufigkeit von Elementen für technische Zwecke (nach G. Baier, Stahlberatung 2, 1981)

Element	Gehalt in der Erdkruste in %	Reihenfolge der Anwendungshäufigkeit für technische Zwecke (ohne Beton)
Silizium	27,7	7
Aluminium	8,1	3
Eisen	5,0	1
Kohlenstoff	0,03	2
Chrom	0,02	6
Nickel	0,007	5
Kupfer	0,005	4

wenn ein erheblicher Nutzen durch Masseeinsparungen, geringeren Formgebungsaufwand oder verringerte Korrosionsschutz- und Instandhaltungsaufwendungen eintritt. Solche Grenzen der Substitutionsmöglichkeit gibt es auch für die nichtmetallisch-organischen Werkstoffe. Das in der Weltproduktion an Werkstoffen 1980 an erster Stelle stehende Holz (Tab. 2) benötigt den geringsten Aufwand an Energie und Kosten bei der Herstellung. Seiner steigenden Verwendung sind jedoch natürliche Grenzen gesetzt.

Tabelle 2: Weltproduktion von Werkstoffen im Jahre 1980 in Mio t (nach Ilschner, Werkstoffwissenschaften, Springer-Verlag 1982)

Stahl	715	Blei	4
Aluminium	19	Holz	1200
Kupfer	7,15	Beton	700
Zink	6	Hochpolymere	40

Etwa zwei Drittel der Gestehungskosten für Rohstahl entfallen auf die Kosten für Rohstoffe, Energieträger und Hilfsstoffe. Die seit Mitte der 70er Jahre erheblich angestiegenen Weltmarktpreise für metallurgische Rohstoffe und Energieträger (Tab. 3) werden nicht durch einen entsprechenden Erlöszuwachs der Stahlprodukte kompensiert. Wenn auch die einzelnen Wirtschaftsgebiete und Länder von dieser Entwicklung unterschiedlich betroffen wurden, so führte sie doch weltweit bei den Stahlherstellern zu verstärkten Bemühungen, durch energie- und rohstoffsparende Maßnahmen die Selbstkosten zu senken und durch eine Qualitätssteigerung den Gebrauchswert der Produkte zu erhöhen.

Tabelle 3: Steigerung der Weltmarktpreise für Rohstoffe, Energieträger und Stahlprodukte (nach Blessing und Lauck, Stahlberatung 5 (1980)

Stoff	Steigerung der Weltmarktpreise zwischen Anfang und Ende der 70er Jahre
Eisenerz	320%
Hochofenkoks	um 300%
Erdöl	1600%
Stahlschrott	275%
Molybdän	etwa 320%
Kobalt	etwa 550%
Stahlprodukte	etwa 240%

Diese Entwicklung wurde zwar nicht durch die Rohstoff- und Energiesituation ausgelöst, aber durch sie zweifellos beschleunigt. Es ist also bei den Massenwerkstoffen keine grundsätzliche Änderung der Werkstoffstruktur zu erwarten.

Die DDR muß ihren gesamten Bedarf an Erzen, Koks, Heizöl und Erdgas für die Stahlherstellung und einen Teil ihres Schrottbedarfs importieren. Um unter den erschwerten außenwirtschaftlichen Bedingungen weiterhin konsequent den Weg der Hauptaufgabe in den 80er Jahren fortsetzen zu können, wurde der Metallurgie die Aufgabe gestellt, durch eine höhere Veredlung der zur Verfügung stehenden Rohstoffe die Eigenschaften metallurgischer Fertigerzeugnisse wesentlich zu verbessern und somit die Voraussetzungen dafür zu schaffen, daß die verarbeitende Industrie den Materialverbrauch bedeutend senken kann.

Auf dem Gebiet der Stahlerzeugung haben sich in den letzten Jahrzehnten grundsätzliche Änderungen ergeben, die sowohl die Wirtschaftlichkeit als auch die Qualität der Stähle verbessern helfen. Eine stürmische Entwicklung haben die Sauerstoffblasverfahren zur Umwandlung von Roheisen in Stahl erfahren, bei denen Leistungen von über 600 t Stahl/h erreicht werden. Die beim Frischvorgang, d.h. dem Verbrennen des Kohlenstoffs und anderer Begleitelemente des Roheisens, freiwerdende Wärme ermöglicht, pro Tonne Rohstahl bis zu 300 kg feste Eisenträger (Schrott, Eisenschwamm) zuzusetzen. Nach Inbetriebnahme des Sauerstoffkonverterstahlwerkes in Eisenhüttenstadt wird diese neue Technologie auch in der DDR zur Verfügung stehen und einen Anteil von 40% der Rohstahlerzeugung ausmachen. (Durch einen Anstieg des Elektrostahles auf 25% wird ein Rückgang des SM-Stahles von 73% (1979) auf etwa 35% eintreten.) Anlagenleistung und Arbeitsproduktivität sind beim Sauerstoffblasstahlverfahren mit nachgeschaltetem Strangguß etwa 7mal so hoch wie beim Siemens-Martin-Verfahren, das Materialausbringen ist um 15% höher, der spezifische Energieverbrauch um 30% niedriger. Der C-Gehalt kann beim O_2-Konverter unter 0,04% gesenkt und damit können wichtige Eigenschaften wie Kaltumformbarkeit oder Zähigkeit und Schweißbarkeit bestimmter Erzeugnisse verbessert werden [3].

Eine weitere Verbesserung der Stahlqualität kann durch eine außerhalb des eigentlichen Schmelzaggregates durchgeführte Nachbehandlung erreicht werden [2]. Sie wird in Reaktoren durchgeführt, welche die Zuführung reaktionsfähiger und inerter Gase sowie von Feststoffen gestatten und in denen ein Vakuum von 0,5 bis 1 Torr eingestellt werden kann (Sekundärmetallurgie bzw. Pfannenmetallurgie).

Wichtige metallurgische Effekte sind vor allem

– die mögliche Senkung des C-Gehaltes auf unter 0,02% (die Absenkung ist z.B. für die Erfüllung der Qualitätsanforderungen an nichtrostende Chromstähle oder Elektrobleche erforderlich);
– die genaue Einstellung der chemischen Zusammensetzung (dies ist insbesondere für mikrolegierte Stähle bedeutungsvoll, deren Legierungszusätze nur Hundertstel bis Zehntel Prozente betragen);
– die Beeinflussung von Art, Menge und Beschaffenheit nichtmetallischer Einschlüsse;
– die Entfernung von Gasen, insbesondere Wasserstoff, der bei Gehalten über 5 ppm zu Materialtrennungen (sogenannter Flockenbildung) führen kann (die Vakuumbehandlung erlaubt ein Absenken auf etwa 2 ppm);
– die genaue Einstellung der Gießtemperatur und das Homogenisieren der Stahlschmelze.

Auf dem Gebiet der Konstruktionsstähle für die metallverarbeitende Industrie und das Bauwesen, die mehr als 95% der Stahlproduktion der DDR ausmachen, sind spektakuläre Neuentwicklungen in absehbarer Zeit sicherlich nicht zu erwarten. Die Entwicklung wird vielmehr darauf gerichtet sein, mit minimalem Aufwand an Energie und Rohstoffen Werkstoffe mit optimalen Gebrauchswerten herzustellen oder diese in einer der nachfolgenden Behandlungsstufen zu veredeln.

Die Weiterentwicklung der Eisenwerkstoffe wird gekennzeichnet sein durch eine geschickte Nutzung und Kombination der durch die werkstoffwissenschaftliche Grundlagenforschung, die Forschung zum Werkstoffeinsatz und die Weiterentwicklung der Technologien ihrer Herstellung und Verarbeitung gegebenen Möglichkeiten, bei voller Nutzung des durch Erfahrung gewonnenen Wissens.

Ziele der Weiterentwicklung werden vor allem die Verbesserung der Werkstoffeigenschaften und ihre Anpassunge an die Beanspruchungsbedingungen, die Einsparung von Legierungselementen und die Senkung des technologischen Aufwandes sein. Dies soll an einzelnen Beispielen erläutert werden.

Für bestimmte Einsatzgebiete ist die Härtbarkeit wichtig. Hierfür sind die Legierungselemente ohne Beeinträchtigung der sonstigen Stahleigenschaften in gewissem Umfang austauschbar. Mit dem wachsenden Anteil an Schrott enthalten die Stahlschmelzen vor dem Legieren unterschiedliche Gehalte an Legierungselementen. Man kann diese voll nutzen und damit Legierungszusätze einsparen, wenn man die Gesetzmäßigkeiten der Substitutionswirkung kennt, ausreichend schnell arbeitende Analysenverfahren zur Verfügung hat und die Stahlzusammensetzung den geforderten Eigenschaften entsprechend variieren kann, was mit der Pfannenmetallurgie möglich ist. Voraussetzung für die Nutzung dieser Möglichkeit ist allerdings, daß in den Standards primär die zu erzielenden Eigenschaften festgelegt sind und die Zusammensetzung den Grundlagenkenntnissen entsprechend variiert werden kann.

Relativ neue, dem sparsamen Einsatz der Werkstoffe dienende Möglichkeiten sind z.B.:

- die Entwicklung der thermomechanischen Behandlung, bei der durch die Kombination von Umformung und Wärmebehandlung Prozeßstufen eingespart und bei gleichzeitiger Verringerung des Legierungsaufwandes höhere Gebrauchseigenschaften erzielt werden (z.B. bei Betonstählen oder höherfesten und korrosionsträgen Baustählen);
- die Einführung des kontinuierlichen Walzens auch für bestimmte Profile, z.B. Stabstahl, was, neben erheblichen Produktivitätssteigerungen, Senkungen des spezifischen Vormaterialeinsatzes und des Wärmeenergieverbrauchs zuläßt;
- die Qualitätsverbesserung von Grobblechen, die mit einem Anteil von etwa 25% an den Walzstahlerzeugnissen in der DDR eines der wichtigsten metallurgischen Produkte darstellen. Neben der Verbesserung der Isotropie bestehen die Fortschritte, die erhebliche Materialeinsparungen beim Verbraucher mit sich bringen, vor allem in der Einengung des Dickentoleranzbereiches um etwa 50% und der Verbesserung der Ebenheit auf etwa das Doppelte. Auch die Längen- und Breitentoleranzen werden wesentlich eingeschränkt.

Schließlich seien die Einsatz- und Vergütungsstähle sowie die Werkzeug- und Schnellarbeitsstähle sowie Automatenstähle nur kurz genannt. Die Ausschöpfung der theoretisch und experimentell erworbenen Kenntnisse, der verfahrenstechnischen Grundlagen und der praktischen Erfahrung sind eine wichtige, wenn nicht die zentrale Aufgabe auf dem Gebiet des Stahls. Ihre Bearbeitung verlangt eine enge Zusammenarbeit von Werkstoffwissenschaftlern, Technologen, Konstrukteuren und Verbrauchern. Die Kompliziertheit auch der organisatorischen Beherrschung des Problems wird durch die Tatsache verständlich, daß das Liefersortiment der DDR etwa 450 Stahlmarken und 5000 Abmessungen, kombiniert etwa 100000 Ausführungsarten, umfaßt.

Werkstoffestigkeit

Bei der Forschung zur Festigkeit fester Körper, einem Grundanliegen der Konstruktionswerkstoffe, können wir mit Befriedigung feststellen, daß in den letzten Jahren neue Konzeptionen erfolgreich erarbeitet wurden, die sowohl das Verständnis dieser Eigenschaft als auch bereits daraus abgeleitete Ansätze zur Steigerung der Festigkeit hervorgebracht haben. Hervorgehoben werden muß die gleichzeitige Verbesserung oder zumindest keine Verschlechterung solcher Eigenschaften wie Zähigkeit, Ermüdung und Zuverlässigkeit, sofern sie primär kompositioneller oder struktureller Art sind.

Eine bemerkenswert universelle Erscheinung bei der plastischen Verformung — d.h., wenn man über die elastische Verformung mit relativ kleinem Anteil hinausgeht — besteht darin, daß ein homogenes oder stetig veränderliches Verformungsfeld bei weiterer Verformung mehr oder weniger plötzlich in einen Zustand übergeht, bei dem sich die Verformung auf enge Zonen konzentriert. Da die für die Bruchauslösung entscheidenden Prozesse irreversibler Materialschädigung vor allem in den Zonen intensiver plastischer Verformung ablaufen, sind Verformungslokalisierungen oft Vorstadien der Materialtrennung und Bruchkeimbildung in duktilen Werkstoffen. Die Erscheinungsformen sind vielfältig, wichtige sind die Verformungsbänder (Bild 1, 2). Die in das Material eingebrachten Gleithindernisse werden durch sich bewegende Vorsetzungen zerstört und es entstehen Gleitzonen, in denen die weitere Vorsetzungsbewegung bei wesentlich niedriger Schubspannung möglich ist. Die Gleitlokalisierung resultiert hierbei aus der Instabilität der Mikrostruktur und impliziert die kooperative Bewegung einer großen Anzahl von Versetzungen. Dieser Problemkreis ist von kfz- und hexagonalen Metallen und Legierungen nun auch erfolgreich an kubisch-raumzentrierten erforscht worden.

Die Verformungslokalisierung ist eine universelle Erscheinung der inelastischen Verformung von Materialien. Die klassische Form als „geometrische Einschnürung“ wurde schon viel früher im Prinzip verstanden (Bild 3). Die Spur auf der Oberfläche einer Verformungsprobe erscheint bandförmig und ein mit dem Gleitband koplanarer Riß bewegt sich bevorzugt längs des Gleit-

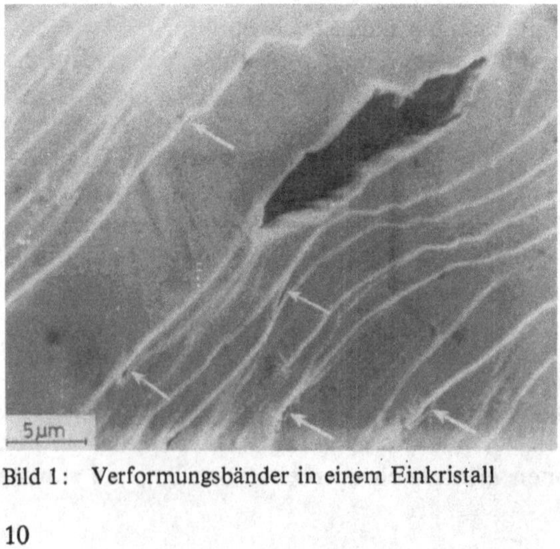

Bild 1: Verformungsbänder in einem Einkristall

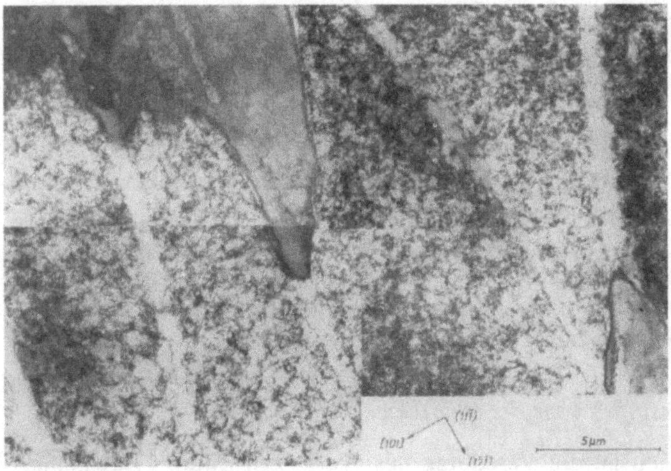

Bild 2: Verformungsbänder und Versetzungsknäuel in einem Polykristall

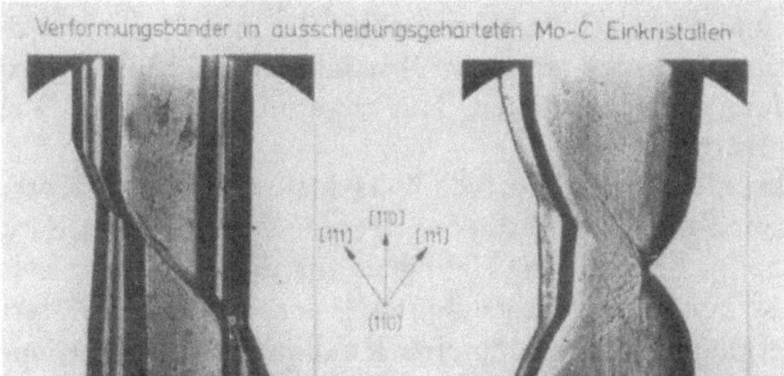

Bild 3: Verformungsbänder in ausscheidungsgehärteten Mo—C-Einkristallen

bandes. Diese Phänomene können in metallischen Ein- und Polykristallen, aber auch in metallischen Gläsern, in Polymeren, in geologischen Materialien, wie Gesteinsmassen, und selbst bei festen Sand- und Lehmböschungen beobachtet werden. Die zielgerichtete Übertragung zur Verbesserung der Eigenschaften bei metallischen Werkstoffen ist für das Walzen, die Blechumformung, für schnelle Verformungen, für Reibbeanspruchung für Tieftemperaturverformung, für Wechselbelastung u. a. untersucht worden [25].

Die genannten Beispiele zur Verformungslokalisierung weisen auf einen allgemeinen Sachverhalt hin, der für das Verständnis des mechanischen Verhaltens von Festkörpern wesentlich ist. Festigkeit, Elastizität, Bruchzähigkeit u. a. sind die physikalische Widerspiegelung einer kollektiven Reaktion des Festkörpers auf bestimmte äußere Störungen. Damit muß auch ihre Erklärung mit der Suche nach Kausalzusammenhängen verbunden sein, in dem kollektive Struktur- bzw. Gefügemerkmale die entscheidende Rolle spielen. In letzter Zeit hat sich als Ausgangspunkt für das Verständnis der angesprochenen Erscheinungen eine zwischen der Mikro- und der Makrostruktur einzuordnende mesoskopische Strukturebene bewährt. Die Entwicklung neuer theoretischer Konzepte ist dadurch initiiert worden, und die Notwendigkeit einer statistischen Theorie des mechanischen Verhaltens mit Ansätzen aus anderen Gebieten, wie z. B. der Informationstheorie, wird immer deutlicher.

Veredlung des Werkstoffes über die Oberfläche

Alt und wieder neu ist die Veredlung des Werkstoffes durch Beschichtung und Oberflächenmodifizierung. Wer hat nicht schon vom Verzinnen gehört; schon am Ende der Bronzezeit und verstärkt am Beginn der Eisenzeit kannte man die Technologie und konnte die Vorzüge einschätzen. Auch im oberfränkisch-thüringischen und sächsisch-erzgebirgischen Raum ist nicht nur die Technologie vervollkommnet worden, sondern über längere Zeiträume wurde sogar eine Monopolstellung aufrechterhalten. Nur erwähnt sei noch das Verzinken, Vergolden, Versilbern u. a.

Eine Reihe von Werkstoffeigenschaften, wie Verschleißwiderstand, Korrosionsbeständigkeit und auch die Dauerfestigkeit, werden entscheidend durch die Beschaffenheit der Oberfläche bestimmt. Gelingt es uns, diese in entsprechender Weise zu verändern, so können wir die genannten Eigenschaften verbessern. Oberflächenveredelung ermöglicht aber auch eine Kombination verschiedener Werkstoffeigenschaften, wie gute Verschleiß- und Dauerfestigkeit mit hoher statischer Festigkeit, und besserer Duktilität und Zähigkeit des Grundmaterials.

Ein hoher Anteil der im Maschinenbau verwendeten Stähle wird einer Nachbehandlung unterzogen. Diese Maßnahmen dienen der Einstellung oder Verbesserung bestimmter Gebrauchseigenschaften von Konstruktionselementen und Werkzeugen. Neben der Gewährleistung bestimmter Festigkeits- und Zähigkeitseigenschaften sind in vielen Fällen die Verminderung des Verschleißes oder der Korrosion Ziele dieser Behandlungen. Sie tragen damit wesentlich zur Lebensdauererhöhung der Werkstücke und zur Senkung des Reparatur- und Instandhaltungsaufwandes bei. Mitte der 70er Jahre wurden 20% des Walzstahlaufkommens der DDR für Instandhaltungsmaßnahmen benötigt, was einem Material- und Ersatzteilwert von 5 Milliarden Mark entsprach [3].

Angesichts der daraus abzuleitenden zwingenden Notwendigkeit zur Senkung des Ersatzteilbedarfs und des gleichzeitigen Zwangs zur Energieeinsparung ist besonders auf den Gebieten der Oberflächenbehandlung und der Beschichtungstechnik eine stürmische Entwicklung im Gange. Sie ist geprägt durch die

Entwicklung neuer Verfahren und Technologien, die zu höheren Gebrauchseigenschaften der behandelten Teile führen, und die Einführung energiesparender Varianten herkömmlicher Verfahren. Folgende Beispiele sollen diese Fortschritte charakterisieren:

1. Bei dem zur Verschleißminderung am weitesten verbreiteten Karborieren und Nitrieren zeichnen sich neue und kombinierte Verfahren ab, die sämtlich Energieeinsparungen zur Folge haben:

- gleichzeitiges Auflegieren der Randschicht mit Kohlenstoff und Stickstoff (Karbonitrierhärten), damit ist eine Absenkung der Behandlungstemperatur verbunden;
- Erhöhung der Aufkohlungstemperatur, dadurch tritt eine wesentliche Verkürzung der Behandlungsdauer ein;
- Kombination der Teilprozesse Aufkohlen und Härten (Direkthärtung), dadurch wird eine Prozeßstufe eingespart;
- Ablösung des Einsatzhärtens durch Tieftemperaturverfahren, insbesondere durch modifizierte Nitrierverfahren, dadurch wird der Energieverbrauch gesenkt;
- Minimierung des Energie- und Hilfsstoffverbrauchs durch rechnergestützte Prozeßmeß- und -regelungstechnik.

2. Die Entwicklung und Einführung neuer Diffusionsverfahren, z. B. Borieren, Titanieren und Vanadieren mit qualitativ neuen Schichteigenschaften.

3. Die zunehmende Oberflächenveredelung von Halbzeugen (vor allem Blechen und Rohren) mittels kontinuierlicher Verfahren zum Aufbringen metallischer und nichtmetallischer Schutzschichten. Einige Beispiele sollen die volkswirtschaftliche Bedeutung dieser Entwicklung verdeutlichen:

- Bei der Feuerverzinkung von Bandstahl können durch unterschiedliche Auflagendicken auf der Vorder- und Rückseite des Bleches (differenzverzinkter Bandstahl) Einsparungen an Zink realisiert werden. Bei der Fertigung bestimmter Bauteile aus verzinktem Stahlblech anstelle einer nachträglichen Verzinkung des Erzeugnisses sind Zinkeinsparungen bis 50% möglich.
- Die galvanische Glanzverzinkung ermöglicht in vielen Fällen eine Ablösung der Verkadmung bei gleichem oder sogar besserem Korrosionsschutz mit wesentlich niedrigeren Kosten für das Beschichtungsmaterial. Ähnlich liegen die Verhältnisse beim Einsatz von Glanzzinkschichten anstelle von Nickel-Chrom-Schichten [8].
- Durch den Einsatz von mit Aluminium elektronenstrahlbedampftem Bandstahl für Verpackungsmittel, z. B. Konservendosen, wird es möglich, die bisherige Verwendung von Aluminium und importiertem Weißblech erheblich einzuschränken.

4. Die chemische und elektrochemische Beschichtung hat einen vielseitigen Partner in der Beschichtung mit physikalischen Methoden bekommen:

- Nitrieren in einer Glimmentladung;
- Beschichtung von Oberflächen über chemische Wirkprinzipien aus der Gasphase mit Metallen oder Hartstoffen (CVD-Verfahren) bei Normal- oder Unterdruck;
- Beschichtung von Oberflächen über physikalische Wirkprinzipien aus der Gasphase mit Metallen oder Hartstoffen (PVD-Verfahren) im Vakuum.

5. Die Oberflächenmodifizierung durch Elektronenstrahl- und Laserstrahltechnologien sowie Ionenimplantation und ähnliche Technologien sind nicht nur ein Schwerpunkt der Forschung geworden, sondern werden zeitlich parallel industriewirksam.

Schon aus sehr allgemeinen Überlegungen wird klar, daß Atome und Elektronen auf oder in der Nähe der Oberfläche von Stoffen andere Bedingungen vorfinden als im Volumen. Daher gibt es Grund zu der Annahme, daß an der Oberfläche neue Phasen, verschiedene Übergänge zwischen diesen Phasen und neue Anregungen und dergleichen mehr existieren können. Zum Beispiel kann das Kristallgitter an der Oberfläche eine andere Struktur und andere Parameter haben, wie das am folgenden Beispiel gezeigt wird.

In den letzten Jahren hat sich die Veredelung eines Werkstoffes auf die Modifizierung der Oberfläche durch Wechselwirkung von energiereicher Strahlung mit dem Festkörper konzentriert. Einige durch Laserbestrahlung erzielte Effekte sollen angedeutet werden. Im Bereich von Leistungsdichten bis etwa 10^9 W/cm^2 wird die Energie der Strahlung als elektromagnetische Welle in einer Oberflächenschicht absorbiert, bei höheren Leistungsdichten kommt es zur Plasmabildung an der Oberfläche, verbunden mit einer Energieübertragung durch Aufheizen der Plasmawolke und Auslösen von Schockwellen. Bild 4 zeigt, daß bei niedrigem Energieangebot und langen Einwirkungszeiten mit Phasenübergängen im festen Zustand technologisch interessante Härtungseffekte erwartet werden können.

Bei den durch das Laserplasma erzeugten Wellen handelt es sich nach den vorliegenden Befunden um eine komplizierte Aufeinanderfolge von elastischen Schock- und plastischen Wellen. Im oberen Teil des Bildes 5 ist ein interferometrisch aufgenommenes Geschwindigkeits-Zeit-Diagramm wiedergegeben. Die starken Geschwindigkeitserhöhungen sind mit der Ankunft der elastischen Welle (E), der beiden plastischen Wellen (P_1, P_2) und der an der neugebildeten Phasengrenze reflektierten Welle *PIR* (*P*hase *I*nterface *R*eflected) erklärt. Die Phasenumwandlung im Eisen von $\alpha \rightarrow \varepsilon$ kann erfolgen, wenn die reflektierte Welle P_1 auf die Wellenfront P_2 trifft. Die Aufklärung des Umwandlungsmechanismus berührt wesentliche Fragen der Hochtemperaturphysik. Nach den ersten, sich mit Detonationsgeschwindigkeit im Eisen ausbreitenden Umwandlungsvorgängen wurden polymorphe Umwandlungen auch in vielen anderen Stoffgruppen gefunden. Bei Eisen-Kohlenstoff-Legierungen, also Stahl,

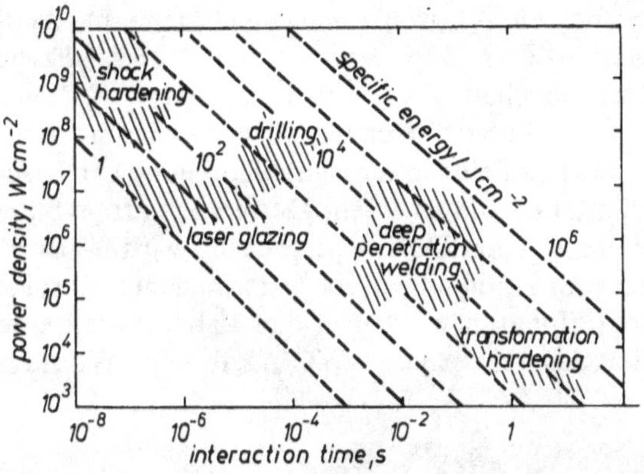

Bild 4: Typische Wechselwirkungsvorgänge von Laserstrahlung mit metallischen Werkstoffen

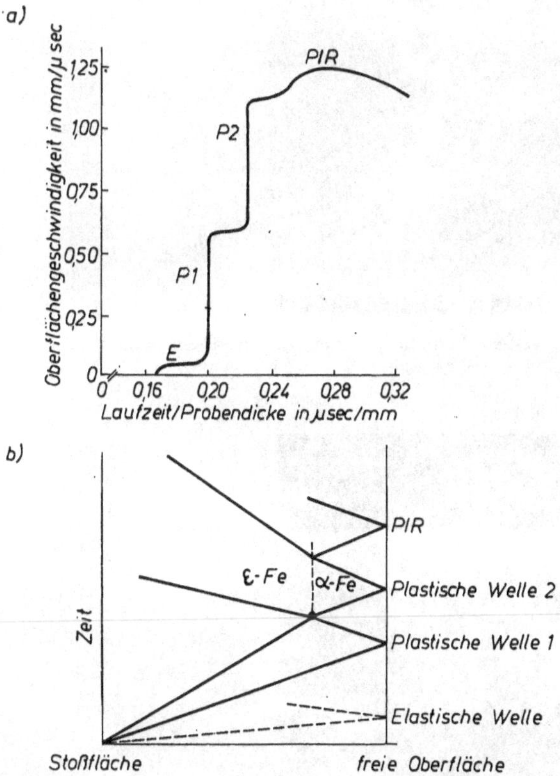

Bild 5: a) Geschwindigkeit an der freien Oberfläche einer Schockprobe in Abhängigkeit von der relativen Laufzeit

b) Deutung der gemessenen Oberflächengeschwindigkeiten durch die verschiedenen Wellen in der Schockwelle findet man feindisperse Härteschichten — „weiße Schichten“ genannt, da sie sich schwerer als normaler Martensit anätzen lassen — mit 5- bis 10facher Steigerung der Härte gegenüber üblichen Härteverfahren (Bild 6, 7). Diese „weißen Schichten“ haben u.a. eine hohe Versetzungsdichte und sehr kleine Kristallitgröße. Es sei hier auch noch auf eine interessante Kopplung der Laserbehandlung und der Ionenimplantation hingewiesen. Der gegenwärtige Stand — über den noch nicht in technologischen Details gesprochen wird — ist die Erzeugung metastabiler Phasen vom Diamanttyp und verschiedener Karbide. Aber auch konventionelle Hartstoffphasen werden in den Laboratorien einer Bestrahlung unterzogen, z. B. um das hexagonale α-WC in kubisches Wolfram-

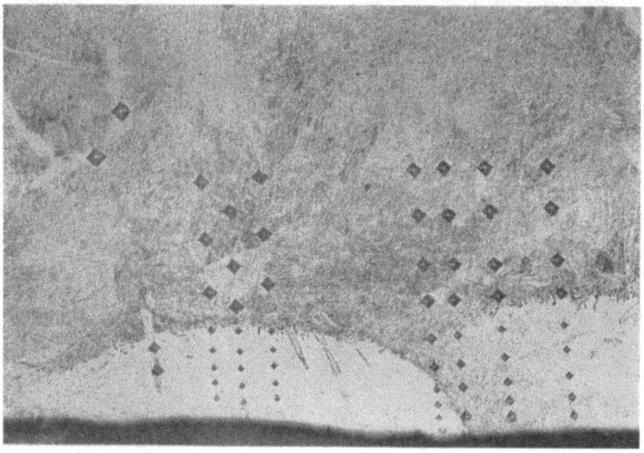

Bild 6: Härteindrücke in einer „weißen Schicht“, einer angelassenen Schicht und dem eutektischen Grundgefüge

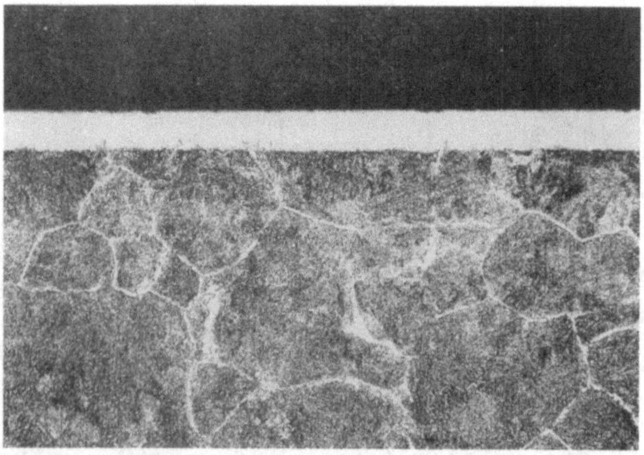

Bild 7: „Weiße Schicht“ einer laserbehandelten Stahlprobe

karbid umzuwandeln. Auch die Umwandlung von hexagonalem Bornitrid in das nach Diamant zweithärteste kubische Bornitrid wird in der Forschung auf diese Weise versucht.

Auch die Ionenimplantation hat sich heute als ein wirksames Verfahren zur Steuerung der oberflächennahen Zusammensetzung und der Eigenschaften nicht nur der Halbleiter, sondern auch einer wachsenden Zahl verschiedener, anderer Werkstoffe eingeführt. Besonders interessant ist die Legierungsabmagerung, wenn nur die Oberfläche durch Implantation legiert wird. In der Gesamtproblematik der Hochveredelung über die Oberfläche sind bereits große Erfolge erzielt, aber der Kulminationspunkt dürfte noch längst nicht überschritten sein. Bemerkenswert ist die der wissenschaftlich-technischen Revolution angepaßte Parallelarbeit von werkstoffwissenschaftlichen Grundlagen- und angewandten Forschungen der Entwicklung und des Baues von hochleistungsfähigen Lasern (bzw. Implantern) und der gleichzeitigen Nutzung für die Produktion strategischer Teile in der Flugkörper-, Autoindustrie, in der Mikroelektronik sowie im Maschinenbau. Die Korrosions- und Verschleiß-Forschung sowie die Forschung zur Rißentstehung und Ausbreitung bis zur Katastrophe, dem Bruch, sind breite Gebiete in der Phase der Vervollständigung bzw. der stärkeren Zuwendung zur Physikalischen Chemie oder zu technisch geprägten Gebieten wie Sicherheit und Zuverlässigkeit komplexer Gebilde. Allgemein läßt sich sagen, daß immer mehr und mehr zu kontinuierlichen Verfahren, wie z.B. der Schallemissionsanalyse oder Rauschdiagnostik übergegangen wird. Die Entwicklung akustoelektronischer oder -magnetischer Wandler für ein breites Frequenzband ist aktuell, brauchbar auch für Sensoren der Robotertechnik. Es kann eine Tendenz zur Nutzung der nichtlinearen Akustik auch zur Ermittlung von Ermüdungsrissen, zur Holographie und Tomographie beobachtet werden. Die Veredelung des Werkstoffes über die Beschichtung bzw. Verbundbildung oder die Oberflächenmodifizierung durch energiereiche Strahlen oder Korpuskel kann auch die Verbesserung der Korrosionsbeständigkeit oder die Rißentstehungsmöglichkeit günstig beeinflussen. Ähnliches ließe sich auch bezüglich des Verschleißes, dem großen unerwünschten Partner, sagen. Große Reserven können mit der Verwirklichung breiter Maßnahmen zum Kampf gegen die Korrosion erschlossen werden. Dieses Gebiet ist in diesem Vortrag nicht mit der notwendigen Akribi und Solidität zu behandeln und sollte einer eigenen Veranstaltung vorbehalten bleiben.

3. Sinterwerkstoffe

Eine bemerkenswerte Art der Herstellung kompakter Werkstoffteile durch fest-fest- bzw. auch fest-flüssig-Reaktionen von Pulvern, dem Sintern, wird angewandt, wenn sich Halbzeuge oder kompliziert geformte Fertigerzeugnisse ökonomisch besonders günstig gestalten lassen oder wenn eine schmelzmetallurgische Erzeugung wegen Unverträglichkeit im schmelzmetallurgischen Prozeß nicht möglich ist. Bedingt durch die international drastisch veränderte und langfristig angespannte Rohstoff- und Energiesituation sind unterdessen die wirtschaftlichen Kriterien, die der Wahl einer Technologie zugrunde gelegt werden, enger und schärfer formuliert worden: Es entscheidet die Einsparung von Material und Energie.

Der Rohstoffbedarf kann über eine verbesserte Materialrückgewinnung und durch Erniedrigung des Materialverbrauchs gesenkt werden. Wie von E. Pestel [4] ermittelt wurde, ist die zweitgenannte Maßnahme jedoch wesentlich effektiver. Eine Reduzierung des jährlichen Rohstoffverbrauchswachstums um nur 0.5% würde bei den derzeitigen Rückgewinnungsraten die Rohstoffverfügbarkeit um 100 Jahre verlängern. Eine 100% ige Steigerung der Rückgewinnungsrate, die gegenwärtig 25–30% beträgt und die Verfügbarkeit der Rohstoffe um etwa 100 Jahre hinausschiebt, würde dagegen bei unverändertem Rohstoffverbrauchzuwachs die Dauer der Rohstoffverfügbarkeit lediglich verdoppeln.

Von allen dafür in Betracht kommenden Technologien ist bei der pulvermetallurgischen Formteileherstellung die Materialausschöpfung maximal. Die außerdem günstigere Energiebilanz ergibt sich vor allem durch den Wegfall von energieaufwendigen Fertigungsschritten. Das Bild 8 gibt hiervon am Beispiel einer Steuerplatte für einen Hydraulikmotor eine Vorstellung. Bei einer Masse der fertig bearbeiteten Steuerplatte von rund 550 g beläuft sich für die herkömmliche Fertigung (18 Arbeitsgänge) die Einsatzmasse pro Stück auf 1180 g (650 g Materialverluste); für die pulvermetallurgische (10 Arbeitsgänge) hingegen beträgt sie nur etwa 580 g (Materialverluste 30 g). Es werden gegenüber der konventionellen Fertigung rund 46% des Gesamtenergieaufwandes eingespart.

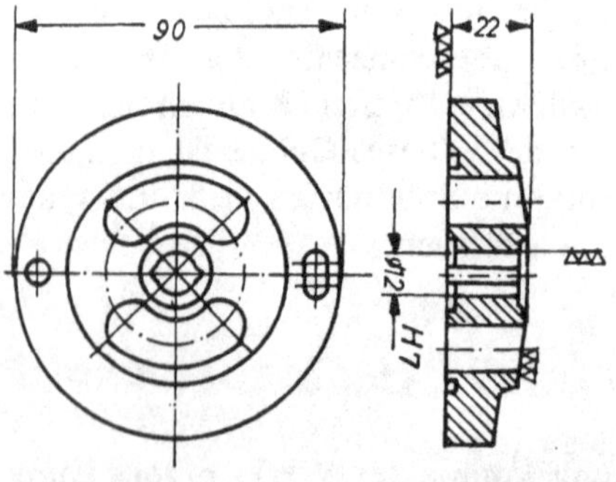

Bild 8: Gegenüberstellung der Arbeitsgänge und des Energieverbrauches für die herkömmliche und die pulvermetallurgische Fertigung einer Hydraulikmotor-Steuerplatte (der Verbrauch von 1 kWh entspricht etwa dem Verbrauch von 0,26 kg schwerem Heizöl; nach G. Zapf)

Tabelle von Bild 8

herkömmliche Fertigung			
Arbeitsablauf	Maschine	Energie in kWh/St.	Energie in % des Gesamtaufwands
Glühen	Glühofen	0,060	1,27
Vorschmieden	Fallhammer	0,196	4,16
Fertigschmieden	Schmiedepresse	0,614	13,03
Glühen	Glühofen	0,096	2,04
Entzundern	Strahlanlage	0,054	1,15
Drehen	Drehmaschine	1,080	22,91
Bohren	Bohrmaschine	0,050	1,06
Entgraten	Entgratmaschine	0,017	0,36
Fräsen Nute	Fräsmaschine	0,050	1,06
Bohren Nieren	Bohrmaschine	0,030	0,64
Fräsen Nieren	Fräsmaschine	0,640	13,58
Schleifen Kugelradius	Schleifmaschine	0,301	6,39
Nitrieren	Nitrieranlage	0,762	16,16
Schleifen ⌀ 90	Schleifmaschine	0,100	2,12
Schleifen Rückenflächen	Schleifmaschine	0,119	2,52
Schleifen Kugel	Schleifmaschine	0,282	5,98
Drehen Lagerbuchse	Drehmaschine	0,016	0,34
Läppen	Läppmaschine	0,247	5,23
		4,714	100,00

pulvermetallurgische Fertigung			
Arbeitsablauf	Maschine	Energie in kWh/St.	Energie in % des Gesamtaufwands der herkömmlichen Fertigung
Pressen	Pulverpresse 350 t	0,077	1,63
Sintern	Bandofen	0,392	8,32
Kalibrieren	Kalibrierpresse 360 t	0,056	1,19
Sintern	Bandofen	0,196	4,16
Härten	Kammerofen	1,200	25,46
Waschen	Waschmaschine	0,013	0,28
Schleifen ⌀ 90	Schleifmaschine	0,074	1,57
Schleifen Kugel	Schleifmaschine	0,301	6,38
Schleifen Bohrung	Schleifmaschine	0,090	1,91
Läppen	Läppmaschine	0,131	2,78
		2,530	53,68

Aus den genannten Gründen ist die Substitution von konventionellen Bauteilen durch Sinterbauteile um so günstiger und aussichtsreicher, je komplizierter die Formteilgestalt, je höher die Genauigkeitsanforderung und je teurer der Werkstoff ist. Das sind auch die Stimuli, die die in jüngerer Zeit besonders deutlich hervorgetretene Entwicklung immer leistungsfähigerer Werkzeuge und höher preßfähiger Pulver vorantreiben sowie den zunehmenden Einsatz der Pulvermetallurgie für die Herstellung von Präzisionskleinstteilen und Formteilen aus höchstfesten und Sonderstählen oder aus Superlegierungen (Superalloys) und Titanlegierungen erklären.

Den herausragenden werkstoffseitigen Fortschritt auf dem *Sinterstahlgebiet* stellt die Entwicklung von *hoch- und höchstfesten Stählen* mit erstaunlich niedrigem Gehalt an Legierungselementen dar; jedes Legierungselement ist mit nur wenigen 0,1 % vertreten. Dies wurde über die Entwicklung neuer Legierungsträger, den karbidischen Vorlegierungen MCM, MVM und MM möglich [5], [6]. Das heißt, es wurden intermetallische Phasen — Mischkarbide — entwickelt, die ausreichend oxydationsbeständig sind und die die festigkeit- und härtetragenden, aber sauerstoffaffinen Legierungselemente gebunden enthalten. Damit gelang es im großen Umfang, die billigen und verfügbaren Legierungselemente der Schwarzmetallurgie in der Sintertechnik nutzbar zu machen.

Im Fall des MCM-Vormaterials liegen etwa 95 % der Legierung als Mischkarbide und nur sehr wenige Masseprozente als metallische Eisenbasis-Mischkristalle vor (Tab. 4). Beim Sintern (1 280 °C schmilzt die MCM-Legierung (Schmelztemperatur 1 150 — 1 190 °C) und beschleunigt den Sintervorgang. Die Existenz der Schmelze ist vorübergehend, da ihre Komponenten schnell in die Eisenmatrix diffundieren [6]. Infolge der ausgezeichneten Benetzbarkeit der Eisenmatrix durch die Schmelze dringt letztere in kürzester Zeit zwischen die Teilchen und vergrößert die Diffusionsfront in hohem Maße, so daß eine rasche Homogenisierung und damit eine hohe Härt- und Vergütbarkeit gewährleistet sind. Analoge Verhältnisse, vor allem das kurzzeitige Bestehen einer

Tabelle 4: Chemische und Phasenzusammensetzung von MCM-, MVM- und MM-Vorlegierungen [7]

MCM	MVM	MM
Mn Cr Mo Fe C O 25 23 22 22 7 0,18%	Mn V Mo Fe C O 26,5 23 25,5 20 5 0,2—1,0%	Mn Mo Fe C O 40 20 32 7 0,3%
80% $(Cr, Mn, Fe, Mo)_7C_3$ 10% $(Fe, Mo, Cr, Mn)_6C$ 5% $(Fe, Mn, Mo)_3C$ 5% α-(Fe, Mn, Cr, Mo)	25% (V, Mo)C 25% $(V, Mo)_2C$ 20—25% α-(Mn, Fe, Mo) 20—25% γ-(Fe, Mn, Mo) MnO-Anteil hängt vom Sauerstoffgehalt ab	drei Mischkarbidphasen vom Typ M_7C_3 als Hauptanteil plus geringe Mengen metallischer Mischkristalle

schmelzflüssigen Phase, die die Verdichtung und Homogenisierung des Sinterwerkstoffes beschleunigt, treten auch bei Zugabe der MVM- bzw. MM-Vorlegierung auf.

Zur Herstellung der hoch- und höchstfesten Stähle werden lediglich 1 bis 2% der genannten Vorlegierungen einem hochkompressiblen Eisenpulver zugemischt. Über Doppelpressen und -sintern (DS) erhält man Formteile, deren Festigkeit um 700 MPa liegt (Tab. 5). Durch nachfolgendes Sinterschmieden (SF) wird die Festigkeit auf Werte um 1000 MPa angehoben. Der Zustand höchster Festigkeit schließlich wird mit Hilfe einer Abschreckhärtung eingestellt; je nach Vorbehandlung und Anlaßtemperatur erreicht die Zugfestigkeit Werte von 1190 bis 1950 MPa. Im DS-Zustand weisen diese Sinterstähle ein bainitisch-perlitisch-ferritisches und nach dem Abschrecken in Öl ein martensitisch-bainitisches Gefüge auf, wobei nach dem Doppelsintern im MCM-Stahl der Martensitanteil ~30% und im MVM-Stahl >75% beträgt [7].

Eine solche, für die Praxis höchst wünschenswerte Eigenschaftskombination

Tabelle 5: Mechanische Eigenschaften von doppelt gepreßten und gesinterten (DS) sowie sintergeschmiedeten (SF) niedriglegierten Stählen ohne und nach unterschiedlicher Wärmebehandlung [7]

Legierung	σB in MPa	$\sigma 0{,}1$ in MPa	in %	Härte	
im DS-Zustand					
2% MCM 0,6% C_{tot}*	679	432	5,3	87	HRB
2% MVM	730	542	2,8	89	HRB
im SF-Zustand					
2% MCM	961	590	12,0	98	HRB
2% MVM 0,6% C_{tot}	1053	768	10,5	24	HRC
im DS-Zustand gehärtet in Öl abgeschreckt, 200°C angelassen					
1% MCM	1275	890	2,0	38	HRC
2% MCM 0,45% C_{tot}	1390	950	2,0	43	HRC
2% MVM	1190	800	2,0	32,5	HRC
im SF-Zustand gehärtet in Öl abgeschreckt, 300°C angelassen					
1% MCM	1780	1425	6,6	40	HRC
2% MCM 0,6% C_{tot}	1950	1550	3,5	44	HRC
2% MVM	1820	1600	3,5	43	HRC
im SF-Zustand gehärtet in Öl abgeschreckt, 400°C angelassen					
1% MCM	1560	1380	7,0	34	HRC
2% MCM 0,6% C_{tot}	1720	1500	6,0	44	HRC
2% MVM	1620	1525	4.6	42	HRC

* C_{tot} – Gesamtkohlenstoffgehalt der Legierung

— niedriger Legierungsgehalt und höchste Festigkeit bei gleichzeitig guter Bruchdehnung — ist nicht nur auf die Wirkung der Legierungselemente, sondern auch auf das als Folge der speziellen Technologie gebildete gleichmäßige und feinkristalline Gefüge zurückzuführen. An schmelzmetallurgisch hergestellten Stählen entsprechender Zusammensetzung läßt sich ein derartiges Eigenschaftsbild kaum realisieren. Schließlich erscheint es notwendig darauf hinzuweisen, daß die beachtlichen Fortschritte im mechanischen Verhalten der Sinterstähle nur dadurch möglich waren, daß gleichzeitig auch die Eisenpulverqualität in zweckentsprechender Weise entwickelt wurde [8].

Die am Beispiel des höchstfesten Sinterstahles demonstrierte Tendenz, über neue Legierungsmethoden sowie Verdichtungs- und Umformverfahren quantitativ und z. T. durch qualitativ neue Gefügetypen Werkstoffverhaltensweisen einzustellen, besteht generell für all jene Fälle, wo in der Formteileproduktion gegenüber der Schmelzmetallurgie und konventionellen Fertigung merkliche Vorteile erzielt werden sollen. Ein weiteres dafür sprechendes, den Bereich der *hochlegierten Werkstoffe* entnommenes Beispiel ist der Sinterstahl X7CoNiAl 17.7 [9]. Derartige höchstfeste rostfreie Stähle werden schon länger auf schmelzmetallurgischem Wege erzeugt und als *martensitaushärtende Stähle* angeboten. Schmelzmetallurgisch gewonnene Stähle dieses Typs weisen im Bereich hoher Festigkeit jedoch den empfindlichen Mangel niedriger Bruchdehnung auf. Der Grund dafür sind die Bildung von Makro- und Mikroseigerungen.

Der als Alternative dazu entwickelte X7CoNiAl 17.7-Sinterstahl wird aus einem Gemisch von Elementar- und Vorlegierungspulver hergestellt, das nach dem mechanischen Legieren (90 h Mahlbehandlung) bereits völlig homogenisiert, d. h. austenitisch, ist. Das so erhaltene Legierungspulver wird durch heißisostatisches Pressen (HFP; 1050 °C) und Sinterschmieden (SJ; 1150 °C) oder über Heißstrangpressen (1 120 bis 1 200 °C) verdichtet. Eine nachfolgende Einfachwärmebehandlung (Abschrecken von 1050 °C in H_2O) ergibt für den heißstranggepreßten Sinterstahl bereits eine Zugfestigkeit von 1 350 MPa bei einer Bruchdehnung von 27%, die durch eine dreifache Wärmebehandlung (1050 °C/H_2O + 950 °C/— 78 °C 8 h + 510 °C) noch auf 1 780 MPa erhöht werden kann; die Bruchdehnung fällt dabei auf 7% ab. Es ist bemerkenswert, daß für den gleichen, aber schmelzmetallurgisch hergestellten und geschmiedeten Stahl, um 1 350 MPa Zugfestigkeit zu erzielen, eine Dreifachwärmebehandlung gefordert wird (Tab. 6) und in diesem Festigkeitsniveau eine Bruchdehnung von nur weniger als 10% erreicht werden kann.

Die hervorragenden Eigenschaften des hochlegierten rostfreien Sinterstahls sind nicht allein eine Folge der Feinkörnigkeit (die mittlere Austenitkorngröße beträgt ≈0,5 μm) und der Homogenität des Gefüges sowie des Fehlens von δ-Ferrit. Da der Stahl sowohl nach der Einfach- als auch Dreifachwärmebehandlung ein ausschließlich austenitisches Gefüge aufweist, liegt es außerdem nahe [9], daß die Martensitbildung durch das beim mechanischen Legieren

Tabelle 6: Eigenschaften von X7CrNiAl 17.7-Stählen [8]

Eigenschaften	gegossen und geschmiedet	Pulver mechanisch legiert HIP + SF	heißstranggepreßt
einfach wärmebehandelt: 1050°C/H_2O			
$\sigma_{0,2}$ in MPa	240–280	550	890
σB in MPa	780–910	920	1350
δ_5 in %	35– 44	36	27
dreifach wärmebehandelt: 1050°C/H_2O + 950°C/– 78°C 8h + 510°C			
$\sigma_{0,2}$ in MPa	1200–1540	–	1620
σB in MPa	1400–1640	–	1780
δ_5 in %	6– 15	–	7

gebildete feinstkörnige Gefüge blockiert wird und die Festigkeitssteigerung einzig und allein auf einer hochwirkungsvollen Ausscheidungshärtung beruht. Damit sind auch bei gleichzeitig wesentlich verbesserter Herstellungsökonomie die dem konventionellen Stahl gleicher Art anhaftenden gravierenden Nachteile beseitigt.

Noch drastischer sind die material- und energieökonomischen Vorteile sowie die Einstellung leistungsfähigerer Gefügezustände bei den sich in einer sehr intensiven Entwicklungsphase befindlichen *Ni-Basis-Superlegierungen* (superalloys), die vorzugsweise im Gasturbinenbau Verwendung finden. Die pulvermetallurgische Fertigung von Gasturbinenteilen aus Superlegierungen ist nicht nur mit einer z.T. erheblichen Einsparung von Material und Fertigungskosten [10], sondern auch mit einer deutlich verbesserten Zug-, Kriech-, Ermüdungsfestigkeit der Legierungen verbunden. Die pulvermetallurgischen dispersionssowie ausscheidungsgehärteten Legierungen lassen sich von feinst- bis grobkörnig bzw. mit gerichtetem Gefüge herstellen. Wegen der unterschiedlichen thermodynamischen Beständigkeit der Dispersate, die bei den zwei verschiedenen Typen teilchengehärteter gesinterter Superlegierungen vorkommen, besteht die Tendenz, daß den ausscheidungsgehärteten der Einsatz im Gebiet mittlerer Temperaturen vorbehalten bleibt (z.B. als Turbinenscheiben) und die dispersionsgehärteten für den Hochtemperaturbereich (z.B. als Turbinenschaufeln) in Betracht kommen [11].

Wegen der gesteigerten Anforderungen an die Reinheit der Pulver verwendet man als Ausgangsmaterial in der Regel durch Dispergierung einer Schmelze unter Inertgas (Argon) gewonnene Leistungspulver; die Abkühlungsgeschwindigkeit bei der Dispergierung beträgt $\approx 10^3\ Ks^{-1}$. Die in evakuierte Behälter verpackten Pulver werden mittels HIP oder Heißstrangpressen (Extrudieren) verdichtet sowie – in der ursprünglichen Variante – durch Schmieden bei gleichzeitiger Ausbildung eines für die mechanischen Eigenschaften vorteilhaften Gefüges stärker umgeformt. Die aus der Schmelze dispergierten Pulver weisen feindisperse Segregationen und eine kleine Kristallitgröße auf, so daß hohe Warmumformgrade möglich sind. Extrudiertes IN-100-Material beispielsweise hat eine Korngröße von weniger als 5 μm, so daß unter Ausnutzung des dadurch gegebenen superplastischen Verhaltens der Werkstoff über ein isothermes Schmieden bei ≈1050 °C direkt zu Scheiben geformt werden kann (Gatorizing-Prozeß).

Im Sinne weiterer Einsparungen von Material (bis 75%) und Nachbearbeitungskosten (um 50%) setzt sich das heißisostatische Pressen (HIP) in Verbindung mit der Verdichtung und Formgebung kostenaufwendiger Werkstoffe immer mehr in Form der *Near-Net-Shape-Technik* durch, mit der die Gestalt des Preßkörpers der des Fertigteils möglichst weit angenähert wird.

Eine noch junge Entwicklungsrichtung, von der man sich eine noch stärkere Auffächerung des Eigenschaftsbildes von Sinterwerkstoffen gegenüber dem von erschmolzenen Werkstoffen verspricht, ist der Einsatz von sehr schnell ($>10^3$ Ks^{-1}) bei der Dispergierung der Schmelze abgekühlten Legierungspulvern. Beim Rotationschleuderverfahren mit Heliumkühlung (Centrifugal Atomization) z. B. werden Abkühlungsgeschwindigkeiten von $\approx 10^6$ Ks^{-1} erreicht (*R*apid *S*olification *R*ate). Auf diese Weise können Pulver mit mikrokristallinem Gefüge und metastabilen kristallinen Phasen oder — im Extremfall — amorphe Pulver erhalten werden [12]. Die Verwendung von RSR-Ausgangsmaterial eröffnet die Möglichkeit, Werkstoffe mit gerichtetem Gefüge sowie neben Al-Legierungen vor allem Superlegierungen mit größeren Legierungsgehalten und damit mehr ausscheidungshärtender γ'-Phase herzustellen [11].

In der Phase der Optimierung befinden sich *Superlegierungen*, die mit einem thermodynamisch stabilen Oxid (Y_2O_3) dispersionsgehärtet sind (ODS-Legierungen). Sie zeigen von allen heute bekannten Superlegierungen die beste Hochtemperatur-Kriechfestigkeit (Bild 9). Ihre hochzyklischen Ermüdungs-

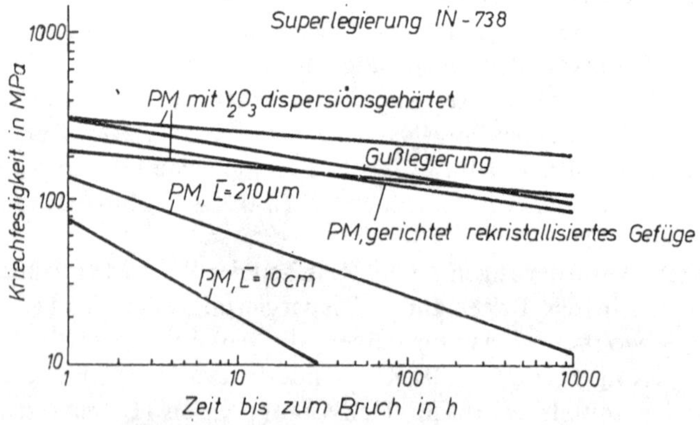

Bild 9: 1000 °C-Kriechfestigkeit von auf unterschiedliche Weise hergestellten und behandelten Superlegierungen IN — 738 [12] (16% Cr; 8,5% Co; 1,7% Mo; 2,6% W; 1,7% Ta; 0,9% Nb; 3,4% Al; 3,4% Ti; Rest Nickel)

eigenschaften sind denen von Superlegierungen ohne Dispersoid gleich, wenn nicht sogar überlegen. Unbefriedigend ist noch im Vergleich zu gegossenen Superlegierungen die merklich niedrigere Schubkriechfestigkeit der ODS-Legierungen, die bei einem Einsatz als Turbinenschaufelwerkstoff zu einer Modifizierung der Schaufelfußausführung zwingen würde [12].

Die gegenwärtig für die ODS-Legierungen praktizierte technologische Herstellungsvariante geht von einem Material aus, das durch mechanisches Legieren im Attritor aus einem Gemisch von Element- und Vorlegierungspulver gewonnen und nachfolgend extrudiert und heiß zu einer Vorform umgeformt wurde. Zur Gewährleistung ausreichender Kriechfestigkeit muß das nach dem Heißstrangpressen feinkörnige Gefüge über Zonen-Rekristallisieren (Rekristallisation im Temperaturgradienten) in ein Stapelfasergefüge mit großem Kornlängen-Korndurchmesser-Verhältnis (analog dem Gefüge des Wolframdrahtes) überführt werden. Erst danach stellt man mit konventionellen Bearbeitungsverfahren die Endform her.

Das Festigkeitsverhalten der ODS-Legierungen wird im Bereich mittlerer Temperaturen von den γ'-Ausscheidungen, im Hochtemperaturgebiet, wo γ'-Dispersoide und Karbidpartikel rasch eine Vergröberung erfahren oder in Lösung gehen, von feindispersen Y_2O_3-Teilchen bestimmt. Die Oxidpartikel verfestigen nicht nur die Metallmatrix, sondern vermindern auch direkt (als Korngrenzeneinlagerungen) und indirekt (über die Induzierung des Stapelfasergefüges) die Gefahr des Korngrenzengleitens.

Spezialkeramik .

Wohl keine Werkstoffgruppe ist in den letzten Jahren so in Fluß geraten wie die *Sonderkeramik*, wobei der größere Teil des für sie eingesetzten Forschungspotentials derzeit auf die Entwicklung von hochtemperaturfesten und in aggressiven Medien resistenten Keramiken gerichtet sein dürfte, die als Maschinenbau-Konstruktionswerkstoffe — auch unter dynamischer Beanspruchung — einsetzbar sind. Damit geht eine lebhafte Konstitutionsforschung sowie die Suche nach neuen Konstruktionsprinzipien einher, die die unikalen Vorteile der Keramik voll nutzen, jedoch den Nachteilen, die nur graduell gemildert, nicht aber grundsätzlich behoben werden können, weitgehend angepaßt sind. Im Mittelpunkt des technischen Interesses stehen dabei die Siliziumverbindungen SiC und Si_3N_4 sowie Mullit ($Al_2O_32SiO_2$). Auch auf diese keramischen Materialien konnte das Teilchenverstärkungskonzept mit Erfolg angewendet werden [13, 14, 15]. Bild 10 zeigt am Beispiel des gesinterten (S) und heißgepreßten (HP) Si_3N_4, daß die damit erzielten maximalen Eigenschaftswerte (bei 20 Vol.-% ZrO_2-Zusatz) etwa denen der Al_2O_3-Dispersionskeramik entsprechen.

Die Möglichkeit der Herstellung komplizierterer Formteile ist unter Anwendung spezieller Formgebungsverfahren bei Si_3N_4, SiC und SiC-Si am wei-

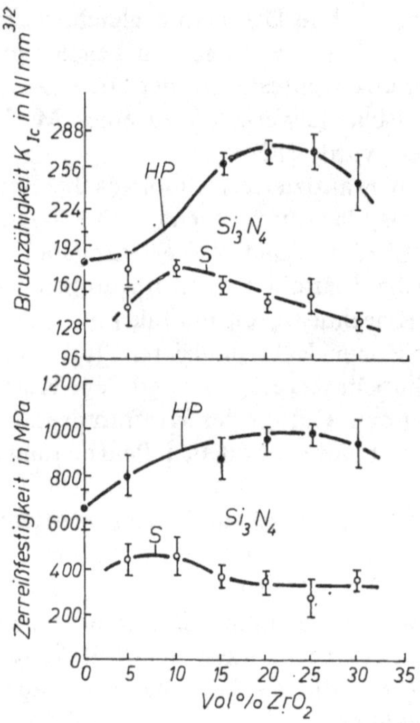

Bild 10: Biegebruchfestigkeit und Bruchzähigkeit von heißgepreßter (HP) sowie nach dem Kaltpressen gesinterter (S) Si_3N_4-Keramik in Abhängigkeit vom ZrO_2-Zusatz [15]

testen fortgeschritten. Die wichtigsten Verdichtungstechnologien sind Reaktionssintern (RB) und Heißpressen (HP) (bei SiC-Si mit Infiltration) [16]. Um die als Grundvoraussetzung für befriedigende mechanische Eigenschaften erforderlichen hohen Dichten ($\gtrsim$95% der theoretischen Dichte) zu erreichen, muß bei Si_3N_4 mit sinterfördernden Zusätzen gearbeitet und in manchen Fällen außerdem unter erhöhtem N_2-Druck gesintert werden. Ansonsten tritt eine teilweise Dissoziation des Si_3N_4, die durch Oxid- und Karbidverunreinigungen noch begünstigt wird, ein. Neben den von den Sialon-Keramiken her bekannten Zusätzen AlN und Al_2O_3 oder AlN und SiO_2 (z. B. plus Y_2O_3) kommen des weiteren MgO, $BeSiN_2$, BeO oder CeO_2 in wenigen Prozenten in Betracht. Außer der Intensivierung von Korngrenzen und Volumendiffusion wird vielfach die Bildung geringer Mengen flüssiger Phase angestrebt, die den Verdichtungsprozeß über die bekannten Mechanismen beschleunigt und es gestattet, den Sintervorgang bei Temperaturen, die unter der Zersetzungstemperatur des Si_3N_4 liegen, vorzunehmen. Die hochtemperaturmechanischen Eigenschaften lassen sich durch eine nachträgliche Wärmebehandlung (z. B. 3 h bei 1150 °C unter N_2 mit 0,1 MPa) noch beträchtlich verbessern, indem die Korngrenzen-Glasphase entglast oder in die Matrixstruktur eingelagert wird [16].

Feindisperses reines SiC (spezifische Oberflächen beispielsweise 44 m^2/g) läßt sich ohne weiteres durch Sintern zwischen 1350 und 1380 °C hoch verdichten (98% der theoretischen Dichte). Bei SiC üblicher Pulverqualität (spezifische Oberfläche 8—11 m^2/g) hingegen sind wie bei Si_3N_4 sinterfördernde Zusätze erforderlich. Als solche werden C und B bzw. B_4C, SiB_6, BN oder BP sowie Al oder Al_4C_3, AlN und andere Al-Verbindungen eingesetzt [16]. Der Zusatz von 1,1 bis 1,4 Masse-% Al zusammen mit 2 Masse-% C beispielsweise hat etwa dieselbe Wirkung auf die Verbesserung der Dichte wie 1,0 Masse-% N + 1,0 Masse-% C. Bild 11 gibt einen Überblick der mechanischen Eigenschaften beider Keramikgruppen. Auffällig ist die zum Teil (im Vergleich zu den Superlegierungen) hohe Festigkeit im Bereich um 1300 °C.

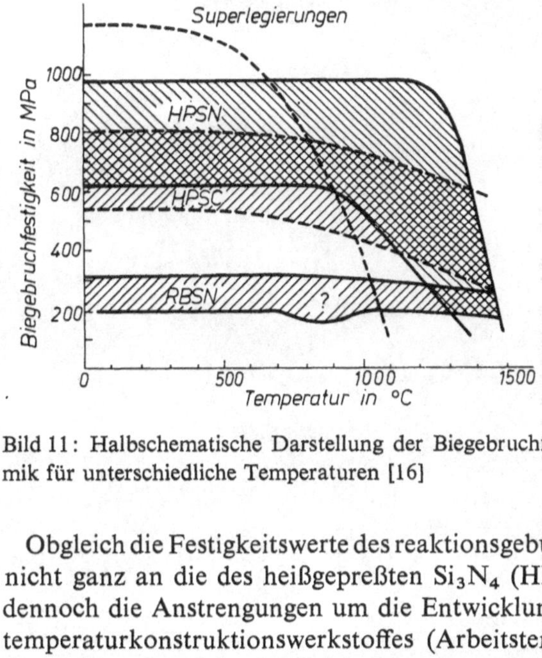

Bild 11: Halbschematische Darstellung der Biegebruchfestigkeit von SiC- und Si_3N_4-Keramik für unterschiedliche Temperaturen [16]

Obgleich die Festigkeitswerte des reaktionsgebundenen Siliziumnitrids (RBSN) nicht ganz an die des heißgepreßten Si_3N_4 (HPSN) heranreichen, haben sich dennoch die Anstrengungen um die Entwicklung eines leistungsfähigen Hochtemperaturkonstruktionswerkstoffes (Arbeitstemperaturen $\geq$1300 °C, z. B. in Gasturbinen) auf das RBSN konzentriert. Bei gegenüber SiC grundsätzlicher Überlegenheit im Temperaturwechselverhalten sprechen für das RBSN, daß die daraus hergestellten Preßkörper (Grünlinge) auf verschiedene Weise bearbeitbar sind und während des Nitrierungsprozesses nahezu keine Dimensionsänderung mehr erfahren [17]. Im Vordergrund der Applikationsforschung stehen Untersuchungen zur Korrosionsbeständigkeit [18] und der mit ihr eng verknüpften Zeitstandfestigkeit [19] sowie zum Ermüdungsverhalten [17].

In Bild 12 ist die Oxydation von RBSN modellmäßig dargestellt. Während sich auf einer Keramik mit geringer Porengröße rasch (bei 1300 °C in wenigen Minuten) eine abdeckende SiO_2-Schicht bildet (das spezifische Volumen des amorphen SiO_2 ist ≈80% größer als das des Si_3N_4), dringt die Oxydation bei Material mit größeren Poren tief in das Innere vor. Sobald eine geschlossene Deckschicht, die amorph oder kristallin (cristobalitisch) sein kann und deren Dicke im Fall von kleinen Poren einige 10^{-10} m beträgt, vorliegt, fällt die Oxydationsgeschwindigkeit stark ab. Für großporige Keramik ist zu diesem Zeitpunkt die Oxydation schon weit ins Innere fortgeschritten, wobei das Oxid nicht nur die Porenwände bedeckt, sondern auch in die Si_3N_4-Korngrenzen eindringt und deren kristalline Struktur zerstört. Das erklärt, weshalb eine hochwertige (dichte) RBSN-Keramik, die keinen nennenswerten inneren Oxydationsbefall erleidet, sowohl in Luft als auch im Vakuum oder Inertgas bis zu 1350 °C in technischen Grenzen kriechfest ist; RBSN-Material nicht optimaler Qualität (geringer Dichte) zeigt an Luft eine größere Kriechgeschwindigkeit [18].

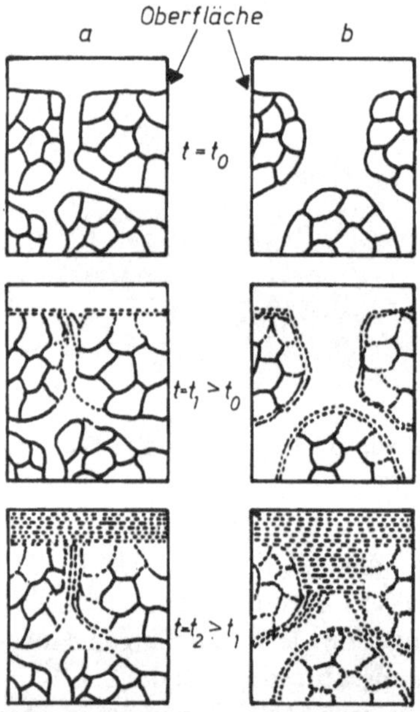

Bild 12: Modell der Oxydation von RBSN [18]: a) Keramik mit kleinen, b) mit großen Poren (feinschraffierte Gebiete sollen amorphes und kristallines SiO_2 darstellen)

4. Sonderwerkstoffe

Sonderwerkstoffe zeichnen sich durch einen hohen Veredelungsgrad aus. Sie besitzen oft extrem hochgezüchtete Eigenschaften beziehungsweise besondere Eigenschaftskombinationen, die für entscheidende Funktionen eines Finalprodukts erforderlich sind. Ihr Anteil an der Gesamtwerkstoffmasse des Finalprodukts ist meist gering und ihr Produktionsumfang klein. Für die Exportfähigkeit eines exportorientierten Landes wie die DDR, das über ein ansehnliches wissenschaftliches und technologisches Potential verfügt, ist die Produktion dieser embargogefährdeten Sonderwerkstoffe unerläßlich [20], wenn die Weltmarktfähigkeit der Fertigerzeugnisse gesichert werden soll. Volkswirtschaftliche Effekte sind vor allem durch den Einsatz in der Elektrotechnik/Elektronik und im Maschinenbau zu erzielen.

Als ein Übergang von den Massenwerkstoffen zu den Sonderwerkstoffen können die Elektrobleche betrachtet werden. Sie besitzen spezielle magnetische Eigenschaften, aber die Produktionsmenge ist so groß, daß sie auch zu den Massenwerkstoffen gerechnet werden können. Sie haben in Elektromotoren Generatoren, Transformatoren, in Elektroschaltgeräten sowie im Leuchtenbau für die Vorschaltdrosseln der Gasentladungslampen oft einen Anteil bis über 50% des aktiven Werkstoffeinsatzes.

Für den Einsatz in Transformatoren, die über Jahrzehnte rund um die Uhr in Betrieb sind, müssen die Ummagnetisierungsverluste besonders klein sein. Hier ist man mit Goß-Texturblechen in HiB-Qualität in den 70er Jahren bis in die Nähe der theoretisch erreichbaren Grenze gekommen (Bild 13). Die Herstellung verlangt aber eine große Präzision, so daß bis jetzt nur einige an einer Hand abzählbare Betriebe dazu in der Lage sind. Für die international für Transformatoren geforderten niedrigen Verluste darf die Abweichung von der Vorzugsrichtung nur $\pm 3°$ betragen.

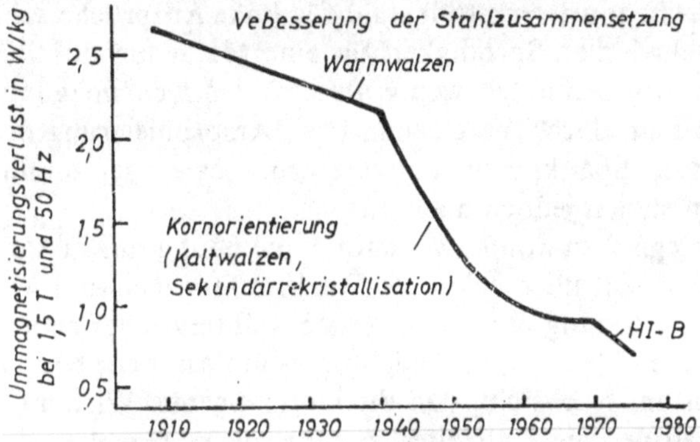

Bild 13: Erniedrigung der Ummagnetisierungsverluste in Transformatorenblechen

Ein Markstein in der Produktionsaufnahme von isotropen Elektroblechen in der DDR war 1970 mit den unsilizierten semifinished-Blechen gegeben, bei denen allerdings die Endglühbehandlung nach dem Stanzen beim Verbraucher durchgeführt werden mußte. Es ist aber nicht schwer einzuschätzen, daß die gute Marktlage der Motoren durch die Vorteile dieses Elektrobleches immer mehr durch den Nachteil der hohen Ummagnetisierungsverluste zurückgeht.

In der energieorientierten Elektrotechnik sind in der Bandebene isotrope Bleche mit wesentlich niedrigeren Ummagnetisierungen zur Erhaltung der Marktfähigkeit ohne Import der Werkstoffe notwendig. Siliziumhaltige Bleche mit noch weiteren Legierungselementen und einer Textur — wo die leichten Ummagnetisierungsrichtungen in der Blechebene statistisch verteilt sind — sind unumgänglich.

Durch den Aufbau des Konverterstahlwerkes ist eine grundsätzliche Voraussetzung zur Erschmelzung solcher Elektrostähle gegeben. Es wird aber ein harter, beschwerlicher Weg von der Grundlagenforschung bis zum Endwalzen und Schlußglühen sein, der in wenigen Jahren zurückgelegt werden muß.

Eine beachtliche Produktionsmenge nehmen auch die Werkstoffe für die Magnetbänder zur Speicherung in Datenverarbeitungsanlagen sowie für die Video- und Audiotechnik ein. Durch den Einsatz bei der Heim-Videotechnik und eventuell für optische, reversible Speicher können diese Werkstoffe zur wertmäßig größten Gruppe der Magnetwerkstoffe werden. Es sind intensive Forschungen zur Weiterentwicklung sowohl pulver- als auch schichtmäßiger Materialien einschließlich solcher für die Senkrechtmagnetisierung zur Digitalspeicherung vorhanden. Aber alle Verbesserungen müssen im Komplex Speicher und Aufnahme, Wiedergabe- und Löschkpof gesehen werden. Für Speicherbänder mit höherer Magnetisierung und höherer Koerzitivfeldstärke sind durchaus Ideen und auch bereits Patente vorhanden. Weitaus weniger ausgeprägt sind angepaßte Magnetkopfwerkstoffe, auch wenn für bestimmte Anwendungsfälle verschiedene neue Konstruktionen in den letzten 10 Jahren diskutiert worden sind. Isostatisch heißgepreßte Sendustwerkstoffe sind für hohe Ansprüche sehr geeignet, aber wegen ihrer sehr hohen Sprödigkeit für eine Massenproduktion kaum geeignet. Die gegenwärtig benutzten wenig abriebfesten weichmagnetischen Legierungen versucht man durch Verglasung bzw. Amorphisierung der Oberflächen oder zumindest der Spaltkanten zu verbessern. Ideale oder zumindest umfassendere Lösungen stehen jedoch noch aus.

Von der Vielzahl der strategischen Sonderwerkstoffe, die häufig nur in kleinen Mengen benötigt werden, soll über bekannte Werkstoffgruppen nur ein Eindruck von deren Weiterentwicklung vermittelt werden, während über neuere — soweit das in diesem Rahmen überhaupt möglich ist — umfassender berichtet wird. Die Autoren bitten um Nachsicht, daß die ihrem eigenen Wirkungskreis fernerstehenden Werkstoffe, wie Halbleiter, organische Werkstoffe oder solche mit besonderen optischen Eigenschaften, hier unberücksichtigt bleiben.

Ein sehr hohes Entwicklungstempo hatten die hartmagnetischen Werkstoffe in den letzten Dezennien, initiiert durch die Raumfahrt und ähnliche Anforderungen (Bild 14). Der Einsatz zur Miniaturisierung und Einsparung von Energie und Kupfer bewirkt auch eine Forcierung beim Einsatz in kommerziellen Finalerzeugnissen. Allerdings ist die Bereitstellung von Kobalt und Samarium nicht problemlos, so daß zumindest Teilsubstitutionen oder neue Dauermagnet-Typen im Blickpunkt der Forschung stehen, zumal die bisherigen Werte

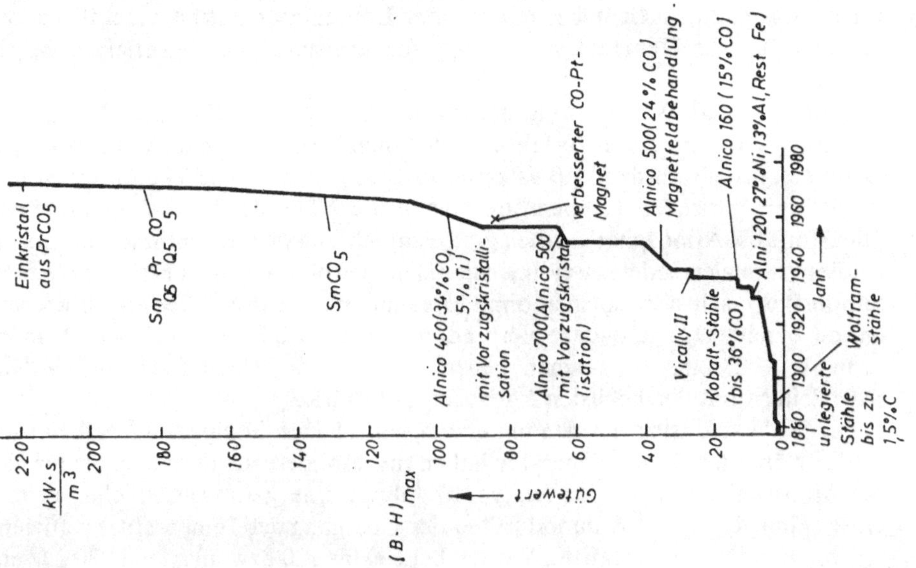

Bild 14: Entwicklung der Dauermagnet-Werkstoffe

der Dauermagnete wie Vicalloy, Alnico und Ferrite die theoretisch errechnete Grenze nahezu erreicht haben. Eine große Bedeutung haben von der Zusammensetzung her die MnAlC-Dauermagnete. Die Herstellung ist allerdings sehr kompliziert und der vollkommene Ersatz der Kobalt-seltene-Erd-Magnete dürfte damit nicht erreicht werden.

Als neuer Werkstoff für den Überspannungsschutz im Nieder- und Mittelspannungsbereich wurde in jüngster Zeit ZnO als Massevaristor eingesetzt. Übrigens dürfte texturiertes ZnO in der Zukunft neben Lithiumniobat und speziellen Keramika sich auch für Frequenz-Filter mit Oberflächenwellen durchsetzen.

Für den Überstrom- bzw. Übertemperaturschutz kommen nach wie vor Bimetalle zur Anwendung. Es werden aber auch ferroelektrische Kaltleiter und neuerdings dotiertes Vanadinoxid (V_2O) mit Metall-Isolator-Übergang Verwendung finden. Bei den Heißleitern, den Thermistoren, zeichnen sich gegenwärtig keine grundlegenden neuen Werkstoffprobleme ab. Bei den keramischen perowskitischen Systemen sind auf dem Wege der „Mischung“ bekannter Ferro- und Antiferroelektrika neuartige dielektrische, piezoelektrische und pyroelektrische Keramiken gefunden worden, die als Kondensatorwerkstoffe in Kompaktform, Folie oder Schicht in die Mikroelektronik bzw. als Energiewandler mit hohem Kopplungsfaktor in die Peripherie der Mikroelektronik eingehen können. Den neuen pyroelektrischen Keramiken wird aus preis- und verfügungsmäßigen Gründen relativ zum Lithiumniobat eine beachtliche Bedeutung für die Temperaturmessung, für optische und IR-Analyse beigemessen.

Einige wenige Worte zu Supraleitern, die die Physik und Werkstoffforschung in den letzten 10 Jahren beachtlich beschäftigt haben. Es muß eingangs festgestellt werden, daß es keine zu Erfolgen führende Theorie zu Werkstoffen mit kritischen Temperaturen bis in die Nähe der Siedetemperatur des Stickstoffs bei Atmosphärendruck gibt. Empfehlungen zur Synthese von quasieindimensionalen oder zweidimensionalen Verbindungen führten zu neuen Supraleitern, selbst zu solchen ohne Metallatome wie (SN). Aber nach wie vor hat die bereits 1973 gefundene Verbindung Nb_3Ge die höchste kritische Temperatur $T_c = 23{,}2$ K. Inzwischen beherrscht man die Herstellung von V_3Ga-Supraleitern mit der höchsten kritischen Feldstärke.

Die Widerstandslegierungen mit einem sehr kleinen Temperaturkoeffizienten in der Nähe der Raumtemperatur haben insbesondere als dünne Schichten für die Mikroelektronik in den letzten 10 Jahren eine ganz wesentliche Weiterentwicklung erfahren. Während früher der Übergang des Temperaturkoeffizienten von positiven zu negativen Werten bei 100 bis 120 bzw. maximal 200 $\mu\Omega$ cm als gesetzmäßig angesehen wurde (Bild 15), gelang an CrAl-Legierungen die

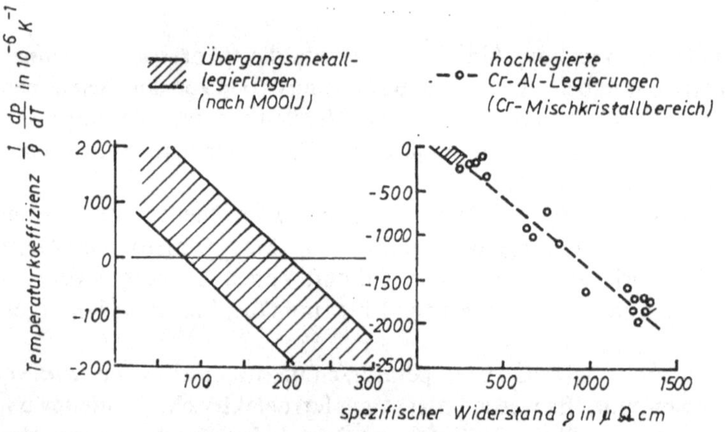

Bild 15: Temperaturkoeffizient des elektrischen Widerstandes

Einstellung eines beachtlich negativen Temperaturkoeffizienten. Chrom-Silizium-Wolfram-Sauerstoff-Verbindungen und insbesondere ihre Abscheidung in amorpher Form führten zu einer Erhöhung auf 1000 $\mu\Omega$ cm mit TK = 0. Im Labormaßstab wurden bereits 25000 $\mu\Omega$ cm erreicht, d. h. eine Steigerung des Widerstandes mit einem Temperaturkoeffizienten ~0 von 100 auf 25000 $\mu\Omega$ cm. Diese Werkstoffentwicklung hat nicht nur Einfluß auf die Mikroelektronik in Hybridbausteinen und Analog-Digital-Wandlern, sondern auf sehr viele passive Bauelemente, wie Oberflächenwellenfilter, Chipwiderstände bis hin zu Thermodruckknöpfen für elektronische Rechner.

Eine neue Werkstoffgruppe in Form der Leitfähigkeits-, Widerstands- und Abdeckpasten vollzieht — wie es der Name schon sagt — den Übergang vom festen Stoff zur realen Flüssigkeit. Die Pasten für die Dickschichttechnik aus Glaspulver und einer „aktiven" leitfähigen Substanz sowie einem Binder lassen sich im Siebdruckverfahren auf mikroelektronische Schaltungen aufdrucken und einbrennen. Die aktive Substanz bestand bisher überwiegend aus Edelmetallen. Es ist schwierig und dennoch unbedingt notwendig, diese durch neue unedlere und damit reaktionsfreudigere aktive Substanzen zu ersetzen, weil die Kompatibilität der Komponenten und der Schutz vor Oxydation während des Einbrennprozesses gewährleistet sein müssen. Dieser Entwicklungsprozeß muß parallel zur Grundlagenforschung forciert durchgeführt werden, da die vorgesehene Menge von Nacktchips den Edelmetallverzicht unabwendbar macht.

Durch die Erfindung metallischer Gläser hat die Werkstoffproduktion der Zukunft einen neuen Zweig. Ein neuer Werkstoff wird sich aber nur in der Konkurrenz mit bereits vorhandenem durchsetzen, sowohl in den grundlegenden Eigenschaften als auch in der Ökonomie der Herstellung einschließlich der Anlagenkosten.

Das Eigenschaftsbild und die Zuordnung der kompositionellen und topologischen Anordnung (Bild 16) sind weitgehend geklärt [21]. Die halb- und großtechnische Herstellung ist abwartend und tendiert in Richtung des prinzipiellen Ausschaltens von Prozeßstufen durch direkte Herstellung mikrokristalliner Halbzeuge aus der Schmelze.

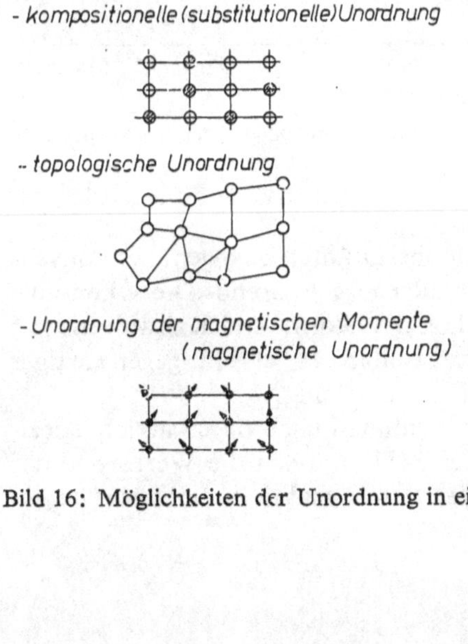

Bild 16: Möglichkeiten der Unordnung in einem festen Körper

Verfahren der raschen Abkühlung metallischer Systeme sind dem Metallkundler seit langem bekannt. Mittels der schnellen Erstarrung ist es möglich, Struktur und Eigenschaften der metallischen Systeme wesentlich zu beeinflussen. Die Entwicklung geeigneter technicher Verfahren zur Erreichung hoher Abkühlraten und die Untersuchung der Wirkungen höherer Erstarrungsgeschwindigkeiten sind daher zu einem intensiv bearbeiteten Gegenstand der Forschung geworden. Die für Eisenlegierungen notwendigen Abkühlgeschwindigkeiten sind besonders hoch. In Bild 17 sind eine Reihe klassischer Verfahren sowie Verfahren der extrem raschen Erstarrung zusammen mit den erreichbaren Probenformen in Abhängigkeit von der Abkühlgeschwindigkeit eingetragen. Die Herstellung von amorphen Metallen in Band- oder Drahtform bzw. als Pulver erfolgt zumeist durch Aufspritzen einer Schmelze auf eine rotierende Walze bzw. einen Ring, wobei ein hohes Maß an Wärmeübertragung durch einen guten thermischen Kontakt gesichert sein muß.

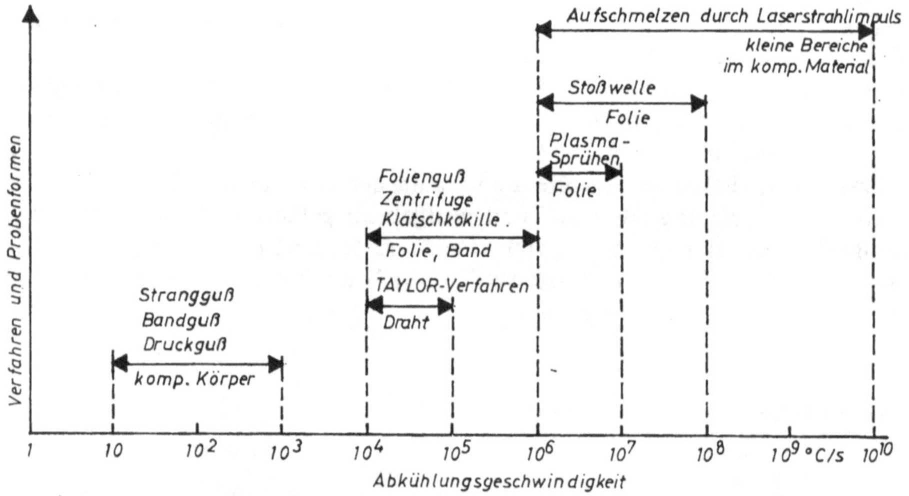

Bild 17: Verfahren und Probenformen zur Darstellung amorpher Metallegierungen in Abhängigkeit von der Abkühlgeschwindigkeit

Dieser Weg der Herstellung von Bändern und Drähten ist gegenüber konventionellen Technologien prozeßstufenarm und energiesparend. Die Ökonomie wirkt größenordnungsmäßig durch Umgehen des Warm- und Kaltwalzens mit allen Zwischenprozessen und die Mikrokristallinität ist ein gegenwärtiger Schwerpunkt der werkstoffwissenschaftlichen Forschung.

Amorphe oder mikrokristalline Schichten können auch durch andere speziellere Methoden erzeugt werden. An erster Stelle müssen die Werkstoffe der Mikroelektronik genannt werden. Dünne, durch reaktives Sputtern hergestellte Schichten auf Chrom-Silizium-Basis sind als Widerstände mit sehr guter Langzeitstabilität und kleinen Temperaturkoeffizienten des Widerstandes für eine große Anzahl von Anwendungen aussichtsreich (s. o.).

Superionenleiter haben etwa wie die amorphen Stoffe einen Zustand, der zunächst denen von Festkörpern zuzuordnen ist. Bezüglich bestimmter Eigenschaften ist es aber nicht immer klar, ob sie in ihrem Verhalten nicht eher einem flüssigen Zustand ähneln. Ein solcher Leiter besteht aus zwei Sorten von Ionen, wobei eine davon ein regelmäßiges Gitter besitzt, die andere aber nicht an bestimmte Plätze gebunden ist. Sie diffundieren und bilden eine Art geladener Flüssigkeit. Derartige Batterien mit hohen Energie- und Ladungsdichten, langer Lagerfähigkeit im geladenen Zustand (größenordnungsmäßig 10 Jahre), Spannungskonstanz, Auslaufsicherheit, Möglichkeit der Miniaturisierung u. a. sind wohl interessant. Natrium-Schwefel-Zellen werden zum Antrieb von Autos und Omnibussen benutzt, Lithium-Jodid-Zellen als Herzschrittmacher und auch als Energiespeicher zum Ausgleich von Spitzenbelastungen. Neuerdings werden Ionenleiter im Zusammenhang mit Sensoren zur Steuerung chemischer Reaktionen und Optimierung des Kraftstoff-Luftgemisches in Otto-Motoren diskutiert. Die bisher erzielten Ströme sind allerdings noch gering. Den gegenwärtigen Stand könnte man so charakterisieren, daß Experiment und mikroskopische Theorie weit auseinanderklaffen und Fortschritte z. Z. mit geringer Sicherheit einschätzbar sind.

Charakteristisch für eine neuartige Möglichkeit der Stoffveredelung ist, daß wir aus einem Material durch relativ geringfügiges Ändern der chemischen Zusammenseztung oder der Struktur Werkstoffe mit breitem Eigenschaftsspektrum erhalten. Ein typisches Beispiel dafür sind Werkstoffe auf Graphitbasis [22] und metallisch leitende Werkstoffe auf der Grundlage eindimensionaler Systeme. Welche Grundgedanken liegen dem zugrunde? Die Bindungen zwischen den Schichten sind oft nur gering, und es lassen sich deshalb relativ viele Fremdatome einlagern (interkalieren). Eine recht beachtliche Optimallösung zur Entwicklung neuer hochveredelter Werkstoffe einerseits und die Nutzung einheimischer Rohstoffe andererseits dürften die dotierten Azetylen-Basis-Polymere für die Energiespeicherung und -wandlung [23] sowie in ferner Zukunft auch für die Energieübertragung sein. Sekundärspeicher-Elemente sind in Erprobung und aussichtsreich für kleine und mittlere Energien. Diese polykonjugierten Kohlenstoffverbindungen werden oft schon mit dem Titel „Synthetic Metals“ belegt und die großangelegten Arbeiten beispielsweise bei IBM und Allied Chemical lassen aufhorchen. Seit etwa einem Jahr sind Forschungen auf diesem Gebiet in allen hochentwickelten Ländern bei staatlicher Finanzierung auf vorderen Plätzen in der Rangfolge zu finden. Zunächst stehen noch fundamentale Fragen an, wie

— Effekte der niederen Dimensionalität und Konsequenzen bzw. nutzbare Eigenschaften,

— solitäre Lösungen und ihre Bedeutung bei extrem nichtlinearen Erscheinungen,
— Erklärung der Eigenschaften dotierten Polyazetylens auf der Grundlage des Solitonenmechanismus,
— Elektronenstruktur und mögliche Mechanismen des Ladungstransports in eindimensionalen Systemen.

Bild 18 charakterisiert den gegenwärtigen Stand auf dem Gebiet der leitfähigen Stoffe. Über Ladungstransportmechanismen, die über die recht gut bekannte metallische Leitfähigkeit hinausgehen, wie Ladungsdichtwellen, Solitonen und Polaronen, soll hier nicht eingegangen werden. Dagegen zeigt Bild 19 eine Zusammenstellung polykonjugierter Strukturen und in Bild 20 wird der Übergang zu anorganischen bzw. den schon besser bekannten Donator-Akzeptor-Komplexen sichtbar. Bekanntlich ist die Ladungsträgerbeweglichkeit in solchen Schichtstrukturen sehr groß, beispeilsweise 300mal größer als in Kupfer, aber die Ladungsträgerkonzentration ist gleich um fast 4 Größenordnungen kleiner. Das Entwicklungsprinzip synthetischer Metalle besteht nun darin, durch Einlagerung bzw. Interkalation die Zahl der Ladungsträger zu erhöhen. Die üblicherweise mit Dotierungen verbundene Gefahr der Verringerung der Ladungsträgerbeweglichkeit kann vernachlässigt werden, da die zwischen den Schichten eingelagerten Moleküle für die Elektronenbewegung innerhalb der Schichtebene keine Behinderung darstellen. Die mit einem Akzeptor erzielte Leitfähigkeit in der Schichtebene erreicht etwa die des Kupfers. Fragen der Beständigkeit bzw. Alterung und der Kupferummantelung sowie der Herstel-

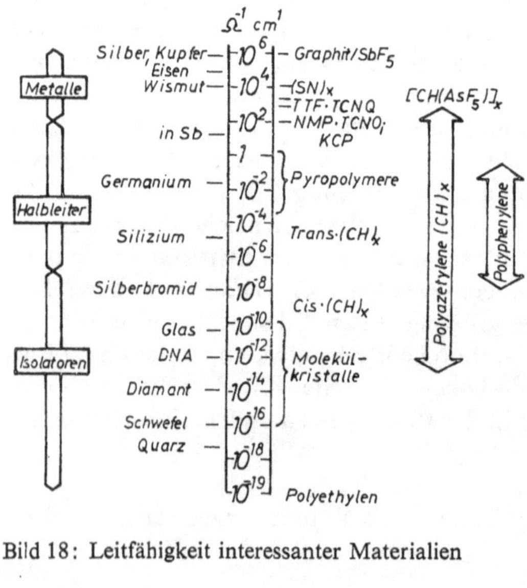

Bild 18: Leitfähigkeit interessanter Materialien

lung geeigneten Graphits haben das Interesse an Forschungen zur Interkalation von Graphit wohl sehr stark auf die Dotierung makromolekularer Kohlenwasserstoffverbindungen verlagert [23].

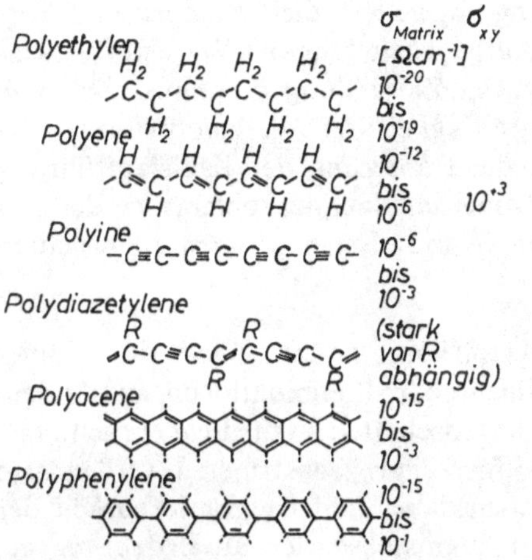

Bild 19: Einige polykonjugierte Stoffe

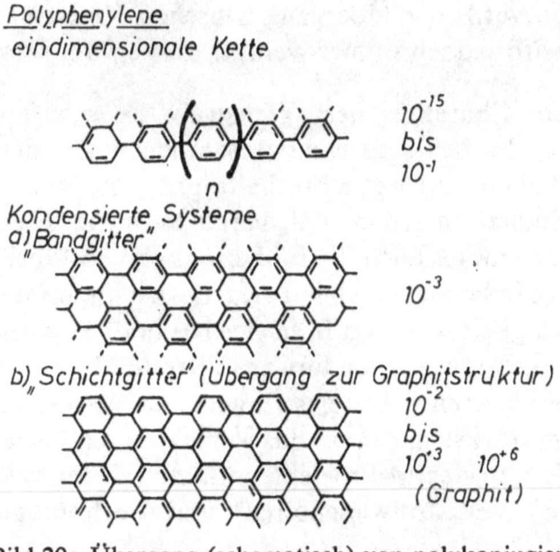

Bild 20: Übergang (schematisch) von polykonjugierten Stoffen zu Schichtstrukturen

5. Schlußbetrachtungen

Für die Werkstoffwissenschaften wird wie für alle lebenswichtig gewordenen Wissensgebiete gelten, daß Zahl und Gewicht der Wechselwirkungen zu anderen wissenschaftlichen und praktischen Tätigkeitsbereichen stark zunehmen und weiterhin zur Integration von Sachbereichen anderer Disziplinen in das eigene Fachgebiet führen werden. Das, was für die Werkstoffe zu erwarten ist, läßt sich in folgenden Thesen zusammenfassen:

- Aus der gesellschaftlichen Entwicklung abgeleitete Zielstellungen und Forderungen werden immer stärker die Aufgabenstellung der Werkstoffwissenschaften bestimmen, wobei die mögliche Zielstellung durchaus auch von den Möglichkeiten und der Leistungsfähigkeit der Werkstoffwissenschaft abhängt. Fragen der Verfügbarkeit, die Förderung der Kreislaufführung des Materials und der Zwang zur Lösung des Energieproblems werden mit immer größerem Gewicht neben den ökonomischen Fragen zu beachten sein.

- Es wird, z.T. ermöglicht durch Werkstoffkombination, eine weitere Differenzierung der Eigenschaften und Eigenschaftskombinationen stattfinden. Eine weitere Anpassung der Werkstoffeigenschaften an die Beanspruchungsbedingungen wie andererseits werkstoffgerechtes Konstruieren werden zum technischen Fortschritt beitragen. Lebensdauer und Regenerierbarkeit der aus den Werkstoffen hergestellten Erzeugnisse werden an Bedeutung gewinnen und von wachsendem Einfluß auf die Werkstoffauswahl sein. Es gibt keine Anzeichen dafür, daß Stahl seine Bedeutung als dominierender Konstruktionswerkstoff verlieren wird, der Übergang zwischen Konstruktions- und Funktionswerkstoff wird jedoch immer weniger ausgeprägt sein.

- Der zunehmend interdisziplinäre Charakter der Werkstoffwissenschaften und die vertiefte Spezialisierung, die beide zu einer wesentlichen Erweiterung des Gebietes beigetragen haben und weiterhin beitragen werden und letzten Endes als dialektische Einheit zu sehen sind, verlangen neue Wege in der wissenschaftlichen Arbeit, darunter auch die Einbeziehung von Werkstofffragen in andere Wissenschaftsbereiche. Dies spiegelt sich in immer stärkerem Maße in der Notwendigkeit wider, z.B. in der be- und verarbeitenden Industrie die Arbeitskollektive, u.a. auch und vor allem in der Konstruktion, um Vertreter anderer Wissensgebiete, so auch der Werkstoffwissenschaften, zu erweitern. Am stärksten kommt das Verschmelzen bisher getrennt gesehener Wissensgebiete in der Mikroelektronik zum Ausdruck, wo im Objekt Physik, Chemie, Werkstoffwissenschaft und Technologie nicht mehr zu trennen sind.

- Eine starke Differenzierung des Sortiments wird besonders bei den Sonderwerkstoffen stattfinden, ohne daß dies zwangsläufig mit einem Anstieg der produzierten Menge verbunden sein muß. Der mit der Ausweitung der Sortimente verbundene Anstieg des wissenschaftlichen und technisch-technologischen Aufwandes macht die internationale Abstimmung und Kooperation zu einer zwingenden Notwendigkeit.

– Der zunehmend integrierte Charakter der Werkstoffwissenschaften, der Teilgebiete der Physik, insbesondere der Festkörperphysik, der Chemie und anderer technischer Disziplinen zu Bestandteilen dieses Gebietes macht, wird auch in der Ausbildung, speziell auch in den Studienplänen, seinen Niederschlag finden.

Literatur

[1] John/Männel: Stahlberatung, 3/1982, S. 1.
[2] Spitzer/Kremer: VDI-Bericht Nr. 428 (1981), S. 1 (hier weitere 54 Literaturstellen).
[3] Lindenlaub: Stahlberatung, 4/1977, S. 1.
[4] E. Pestel: Das Ende der Verschwendung, DVA (1976), S. 11.
[5] G. Hofmann/K. Dalal: Powder Metallurgy International, 11 (1979) S. 177.
[6] S. Banerjee/V. Gemenetzis/F. Thümmler: Powder Metallurgy, 23 (1980) S. 126.
[7] S. Banerjee/G. Schlieper/F. Thümmler/G. Zapf: International Powder Metallurgy Conf., 22.–27. 6. 1980, Washington C.D.
[8] P. F. Lindskog/A. Bocchini: The International Journal of Powder Metallurgy and Powder Technologie, 15 (1979), S. 200.
[9] P. Pant/H. Grewe: Techn. Mitt. Krupp-Forsch.-Ber., 38 (1980), S. 103.
[10] Trends in Powder Metallurgy, Metal Powder Report 34 (1979), S. 163.
[11] V. A. Tracey/C. P. Cutter: Powder Metallurgy, 24 (1981), S. 32.
[12] G. H. Gessinger: Powder Metallurgy International, 13 (1981), S. 93.
[13] Max-Planck-Gesellschaft, Jahrbuch 1980, S. 605, hrsg. v. d. Generalverwaltung d. Max-Planck-Gesellschaft, München, Verlag Vandenhoeck u. Ruprecht, Göttingen 1980.
[14] N. Claussen/J. Jahn: Journal of The American Ceramic Society, 63 (1980), S. 228.
[15] J. S. Wallace/N. Claussen/M. Rühle/G. Petzow: Surfaces and Interfaces in Ceramic and Ceramic-Metal Systems, ed. by Joseph Dask and Anthony Evans, Plenum Publishing Corporation, 1981, S. 155.
[16] F. Thümmler: Sintering and High Temperature Properties of Si_3N_4 and SiC, Sintering Process, ed. by G. C. Kuczynski, Plenum Publishing Corporation, 1980.
[17] F. Porz/G. Grathwohl/F. Thümmler: Proc. Brit. Ceram. Soc., 31 (1981), S. 157.
[18] G. Grathwohl/F. Thümmler: Journal of Material Science, 13 (1978), S. 1177.
[19] G. Grathwohl/F. Thümmler: Ceramurgia International, 6 (1980), S. 43.
[20] O. Henkel: Stahlberatung, 2 (1975), S. 3.
[21] O. Henkel: Sitzungsberichte d. AdW 5N/1981, Berlin 1981.
[22] O. Henkel: Sitzungsberichte d. AdW 8N/1978, Berlin 1978.
[23] G. Lehmann: Vortrag „Klasse Werkstoffwissenschaft“ am 5. 5. 83.
[24] E. Sawitzkij/W. Kljatschko: Metalle der kosmischen Ära, Verl. f. Grundstoffind., 1982.
[25] B. Pegel: Vortrag „Klasse Werkstoffwissenschaft“ am 10. 2. 83.

ISSN 0138–3956

Kolibri 360 GmbH
Ferdinand-Jühlke-Straße 7
99095 Erfurt, Deutschland
produktsicherheit@kolibri360.de